Charakterisierung und Diskrete-Partikel-Modellierung des Strömungs- und
Dispersionsverhaltens im Rotorgranulator

Charakterisierung und Diskrete-Partikel-Modellierung des Strömungs- und Dispersionsverhaltens im Rotorgranulator

Vom Promotionsausschuss der

Technischen Universität Hamburg-Harburg

zur Erlangung des akademischen Grades

Doktor-Ingenieur (Dr.-Ing.)

genehmigte Dissertation

von

Dipl.-Ing. Johannes Neuwirth

aus

Villach, Österreich

2017

Bibliografische Information der Deutschen Nationalbibliothek

Die Deutsche Nationalbibliothek verzeichnet diese Publikation in der
Deutschen Nationalbibliografie; detaillierte bibliografische Daten sind im Internet
über http://dnb.d-nb.de abrufbar.

1. Aufl. - Göttingen: Cuvillier, 2017

  Zugl.: (TU) Hamburg-Harburg, Univ., Diss., 2017

1. Gutachter: Prof. Dr.-Ing. habil. Dr. h.c. Stefan Heinrich
2. Gutachter: Prof. Dr.-Ing. Michael Schlüter

Tag der mündlichen Prüfung: 19. Dezember 2016

© CUVILLIER VERLAG, Göttingen 2017
  Nonnenstieg 8, 37075 Göttingen
  Telefon: 0551-54724-0
  Telefax: 0551-54724-21
  www.cuvillier.de

1. Auflage, 2017
Gedruckt auf umweltfreundlichem, säurefreiem Papier aus nachhaltiger Forstwirtschaft.

  ISBN 978-3-7369-9476-8
  eISBN 978-3-7369-8476-9

Vorwort

Die vorliegende Arbeit entstand während meiner Zeit als wissenschaftlicher Mitarbeiter und in weiterer Folge als externer Doktorand am Institut für Feststoffverfahrenstechnik und Partikeltechnologie der Technischen Universität Hamburg.

Recht Herzlich möchte ich mich bei allen Personen bedanken, die mich bei der Fertigstellung dieser Arbeit unterstützt haben.

Ganz besonderen Dank gilt jedoch meinem Doktorvater und Leiter des Institutes, Herrn Prof. Dr.-Ing. habil. Dr. h.c. Stefan Heinrich für die aktive Förderung und das darüber hinaus entgegengebrachte Vertrauen. Sein persönliches Engagement und seine umfangreichen Anregungen während der Vorbereitung und Durchführung der Arbeit haben wesentlich zum Gelingen dieser Dissertation beigetragen.

Weiterer Dank gilt Herrn Prof. Dr.-Ing. Sergiy Antonyuk für die fachliche Begleitung und seine Motivation, neue Forschungsschwerpunkte zu setzen. Zusätzlich möchte ich mich bei allen Kolleginnen und Kollegen für die angenehme Arbeitsatmosphäre und besonders bei Dr.-Ing. Lennart Fries, Prof. Maksym Dosta, Dr.-Ing. Michael Wolf, Vitalij Salikov sowie Robert Besler für die zahlreichen und erfrischenden Diskussionen bedanken. Bei den studentischen Hilfskräften bedanke ich mich für ihre selbstständige und zuverlässige Arbeit ebenso wie bei den Studenten die im Rahmen ihrer Bachelor-, Master- bzw. Diplomarbeit maßgeblich zu den Ergebnissen beigetragen haben.

Mein Dank gilt ebenso Herrn Dr.-Ing Michael Jacob und der Glatt Ingenieurtechnik GmbH für die großzügige Unterstützung.

Einen großen Dank schulde ich den technischen Mitarbeitern, Bernhard Schult, Heiko Rohde und Frank Rimoschat für die tatkräftige Umsetzung von Ideen sowie Fertigung und Aufbau der Versuchsanlagen.

Außerordentlich möchte ich mich bei meinen Eltern, Elisabeth und Johann Neuwirth bedanken, die mir das Studium ermöglicht haben und mir jederzeit unterstützend und liebevoll zur Seite stehen.

Salzburg, 25. Januar 2017

Johannes Neuwirth

Kurzzusammenfassung

Feststoffe in Partikelform, wie beispielsweise Pulver, Agglomerate oder Granulate finden in unterschiedlichsten Industriezweigen Anwendung und stellen einen wichtigen Bestandteil unseres Alltags dar. Zur Herstellung oder Veredelung dieser Partikel existieren eine Vielzahl an Prozessen. Einer der wesentlichsten Bestandteile bei der Partikelformulierung stellt die Einbringung der Bewegungsenergie in ein Partikelkollektiv dar. Dazu kann in unterschiedlichen Anlagentypen dieser durch reine mechanische Energie mittels Rührwerkzeugen oder durch die Prozessgasenergie induzierten Fluidisation, wie beispielsweise in Wirbelschichten, erfolgen. Eine Kombination aus den genannten Verfahren stellt die Rotor-Wirbelschicht (Rotorgranulator) dar. Durch die Kopplung der beiden Energieeinträge aus einer am Boden der Prozesskammer rotierenden Scheibe und der durch einen Ringspalt eintretenden Fluidisationsluft entsteht eine komplexe, jedoch gerichtete Feststoffströmung. Die aufgrund der Strömungsform eingebrachte Scherung des Feststoffes wird zur Herstellung von kugelförmigen Granulaten mit hohen Dichten und Festigkeiten genutzt.

Das Ziel dieser Arbeit ist die Beschreibung der granularen Strömungsvorgänge und die Charakterisierung der daraus resultierenden Mischeigenschaften im Rotorgranulator in Abhängigkeit der Betriebsparameter. Ein wesentlicher Teil der Forschungsarbeit befasst sich mit der experimentellen Beschreibung eines neuartigen Messsystems zur magnetischen Einzelpartikelverfolgung (Magnetische Partikel Detektierung – MPT) und dessen Einsetzbarkeit in der Feststoffverfahrenstechnik. Anhand der experimentellen Einzelpartikelverfolgung erfolgte eine Analyse der komplexen Feststoffströmung.

In einem weiteren Abschnitt werden unterschiedliche Methoden zur Charakterisierung der diskontinuierlichen Feststoffdispergierung vorgestellt. Durch den Ansatz mittels Kopplung der numerischen Strömungsmechanik und der Diskreten-Elemente-Methode, liefern die Simulationen eine detaillierte Betrachtung der Einzelpartikelbewegung im Rotorgranulator. Die Kenntnis der zeitlichen axialen, radialen und tangentialen Partikelverschiebungen und Wahrscheinlichkeitsdichteverteilungen, ermöglicht die getrennte Quantifizierung der konvektiven und dispersen Mischungsvorgänge des Feststoffes anhand eines stochastischen Modelles und der ableitbaren Kenngrößen wie normierte Transport- und Dispersionskoeffizienten.

Ein Vergleich der Ergebnisse aus den unterschiedlichen Analysemethoden bestätigt, dass das Mischverhalten vorwiegend vom Anfangsmischungszustand sowie von der Fluidisation beeinflusst wird.

Inhaltsverzeichnis

Abbildungsverzeichnis

Tabellenverzeichnis

Symbolverzeichnis

Lateinische Buchstaben

B	Magnetische Flussdichte	T
C_W	Widerstandsbeiwert	-
d	Durchmesser	m
D	Dispersionskoeffizient	m^2/s
D	Verschiebungsdichte	As/m^2
D^*	normierter Dispersionskoeffizient	-
e	Restitutionskoeffizient	-
E	elektrische Feldstärke	V/m
E	Energie	J
E (E^*)	Elastizitätsmodul (effektiver)	Pa
F	Kraft	N
Fr	Froude Zahl	-
g	Erdbeschleunigung	m/s^2
G (G^*)	Schubmodul (effektiver)	Pa
h, H	Höhe	m
H	magnetische Feldstärke	A/m
I	Trägheitsmoment	$kg\,m^2$
k	Kontaktsteifigkeit	$N\,m^{-1.5}$
m	Masse	kg
m^*	effektive Masse	kg
M	Mischgüte-Index	-
N, n	Anzahl	-
n	Normalvektor	-
p	Druck	Pa
P	Einheisvektor Polachse	m
p, q	Partikelkonzentration	-
Q	Qualitätsfunktion	-
r (r^*)	Radius (effektiver)	m

R	Radius, Positionsvektor	m
Re	Reynolds Zahl	-
S	Shannon Entropie	-
S	Mischungs-Entropie	-
S^2	Empirische Varianz	
S_p	Senkenterm	$N\,m^{-3}$
t	Zeit	s
t	Tangentialvektor	-
T_c	Curie-Temperatur	°C
T	Moment	$N\,m$
u	Geschwindigkeit	$m\,s^{-1}$
u^*	normierte Spaltgasgeschwindigkeit	-
U	Transportkoeffizient	$m\,s^{-1}$
U^*	normierter Transportkoeffizient	-
V	Volumen	m^3
x_i	Anzahlkonzentration der Probe i	-

Griechische Buchstaben

ν	Querkontraktionszahl	-
τ	Spannung	$N\,m^2$
τ	Verweilzeit	s
ξ	Partikelverschiebung	m
β	Austauschkoeffizienten	-
δ	Dichte	$kg\,m^{-3}$
δ_L	Ladungsdichte	$As\,m^{-3}$
δ	Partikelüberlappung	m
ε	Relatives Lückenvolumen (Porosität)	-
ϕ	Wahrscheinlichkeitsdichte	-
ϕ_p	Rotationswinkel	rad

η	Dynamische Viskosität	$kg\ m^{-1}\ s^{-1}$
η_n ; η_t	Dämpfungskoeffizienten	$Ns\ m^{-1}$
λ	Scherviskosität	-
μ	Reibungskoeffizient	-
μ_m	Magnetisches Moment	$A\ m^2$
ν	Kinematische Viskosität	$m^2\ s^{-1}$
ν	Poissonzahl	-
σ	Standardabweichung	-
σ^2	Varianz	-
ω	Winkelgeschwindigkeit	$rad\ s^{-1}$
θ, φ	Winkel	rad

Indizes

c	Kontakt
g	Gas
i, j	Partikel-Index
kin	kinetisch
KV	Kontrollvolumen
L	Ladung
max	maximal
min	minimal
p	Partikel
PP	Partikel-Partikel
PW	Partikel-Wand
rel	relativ
rot	rotatorisch
w	Wand

Abkürzungen

AMR	Anisotrop-Magneto-Resistiv
CFD	Computational-Fluid-Dynamics
CT	Computer-Tomographie
CUDA	Compute-Unified-Device-Architectur
DEM	Diskrete-Elemente-Methode
DOE	Design-Of-Experiments
ECT	Electrical-Capacitance-Tomography
ECTV	Electrical-Capacitance-Tomography-Volume
FEMM	Finite Element Method Magnetics
IPIV	Interfacial-Particle-Image-Velocimetry
KTGS	Kinetische-Theorie-Granularer-Strömung
LDA	Laser-Doppler-Anemometer
MCC	Microcrystalline-Cellulose
MH-ITI	Microwave-Heating-Infrared-Thermal-Imaging
MPT	Magnetic-Particle-Tracking
MRT	Magnet-Resonanz-Tomographie
NdFeB	Neodym-Eisen-Bo
PEG	Polyethylenglycol
PEPT	Possitron-Emission-Particle-Tracking
PIV	Particle-Image-Velocimetry
PMMA	Polymethylmethacrylat
PVB	Polyvinylbutyral
RG	Rotorgranulator
RWS	Rotorwirbelschicht
ZrO_2	Zirconium-Dioxide

1   Einleitung

In den unterschiedlichsten Industriezweigen, wie der chemischen, pharmazeutischen, Werkstoff-
oder Lebensmittelindustrie, kommen Wirbelschichtprozesse vermehrt zum Einsatz. Diese
zeichnen sich durch eine intensive Feststoffvermischung und einen hohen Wärme- und
Stoffübergang aus. Je nach Anforderungen an das Produkt und die Prozessführung -
kontinuierlich/diskontinuierlich - werden unterschiedliche Bauformen der Wirbelschicht
verwendet. Eine spezielle Anwendung der Wirbelschichttechnologie stellt der Prozess der
Granulation und Pelletierung dar und wird häufig in der pharmazeutischen und chemischen
Industrie eingesetzt. In dieser wird meist eine diskontinuierliche Prozessführung, enge
Korngrößenverteilung und ein sphärisches dichtes Granulat gefordert. Für die klassischen
Wirbelschicht- oder Strahlschichttechnologien sind die aufgeführten Produktvorgaben mit
entsprechenden Durchsätzen nur in geringem Maße realisierbar. Aufgrund der fehlenden
Scherbeanspruchung in diesen Apparaten sind die angestrebten Korngeometrien und
Kornfestigkeiten kaum zu erfüllen.

In den 70er Jahren wurde als technologische Ergänzung zu den genannten Verfahren die
sogenannte Rotorwirbelschicht (RWS) entwickelt. Für diese werden unterschiedliche
Bezeichnungen verwendet: im deutschsprachigen Raum ist der Begriff „Rotorgranulator" (RG)
(Ebert, 2010) oder „Rotorwirbelschicht" (Jäger und Bauer, 1982) und in der englischsprachigen
Fachliteratur „Rotary-Fluidized-Bed" (Iyer et al., 2008) oder „Rotary-Processor" (Vertommen et
al., 1996) üblich. Anders als bei der klassischen Wirbelschicht, erfolgt beim Rotorgranulator neben
der Fluidisationsluft ein zusätzlicher Krafteintrag durch eine rotierende Bodenscheibe. Dieser
Eintrag kinetischer Energie in das Partikelbett kombiniert mit der vertikalen Gasströmung im
Ringspalt (Fluidisation) sorgt für eine spiralkranzförmige Partikelströmung. Durch das ständige
Abrollen und die auftretenden hohen Scherkräfte auf der Rotorscheibe, werden Partikel mit einer
engen Korngrößenverteilung, hoher Dichte, Festigkeit und einer hohen Sphärizität erzeugt.
Abbildung 1-1 verdeutlicht schematisch den Unterschied zwischen der klassischen Wirbelschicht
und einer Rotorwirbelschicht.

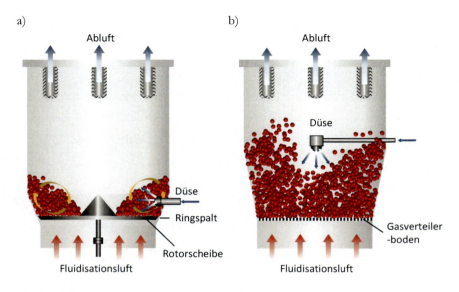

Abbildung 1-1: Schematische Darstellung einer Rotorwirbelschicht (a) und Wirbelschicht (b)
(adaptiert Fries et al., 2013).

Das daraus entwickelte Herstellungsverfahren für pharmazeutische Pellets zeigt sich als besonders vorteilhaft zur gleichzeitigen Herstellung und Trocknung der Produkte im selben Apparat. Um im Rotorgranulator mit einer hohen Produktqualität und Durchsatzleistung Direktpelletieren und Pulverbeschichten zu können, müssen eine gute Gutsbettdurchmischung, homogene Flüssigkeitsverteilung und ein hoher Wärme- und Stoffübergang sichergestellt werden. Dabei werden die Feststoffprodukte neben ihrer vorrangigen Funktion, z.B. als chemische Reaktanten oder Wirkstoffträger, über deren Produktaufbau und Design beschrieben. Für die unterschiedlichen Industriezweige bestehen leider auch unterschiedliche Definitionen für die Begriffe „Granulate" und „Pellet", welche sich zusätzlich in ihren Eigenschaften unterscheiden.

1.1   Verfahren zur Herstellung von Pellets

In der pharmazeutischen Industrie werden unter Pellets, sphärisches Agglomerate mit hohen Dichten, geringer Porosität und glatten Oberflächen mit einer mittleren Partikelgröße im Bereich 200 bis 2000 μm (Salman et al. 2007) verstanden. Pellets werden zwar allgemein den Granulaten zugeordnet, unterscheiden sich jedoch mit den oben genannten Eigenschaften deutlich von den Granulaten und Agglomeraten. Der Übergang zwischen Pellets und Granulaten ist fließend. So ist beispielsweise beim Direktpelletierungsverfahren die Partikelform und die Oberflächenbeschaffenheit lediglich ein Qualitätskriterium. In anderen Industriebereichen, beispielsweise der Kunststoffverarbeitung werden Pellets nur als Granulate bezeichnet. Eine Darstellung der unterschiedlichen Herstellungsverfahren wird in Abbildung 1-2 gegeben.

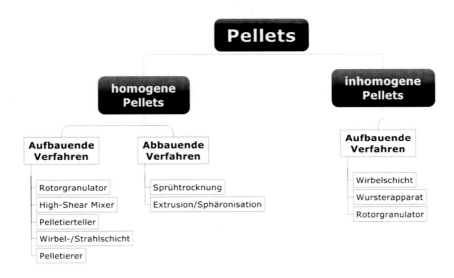

Abbildung 1-2: Übersicht der Herstellungsverfahren von pharmazeutischen Pellets (Groebel, 2004).

Grundlegend wird zwischen homogenen und inhomogenen Pellets unterschieden. Dabei besteht das homogene Pellet ausschließlich aus einheitlichen Komponenten bzw. aus einer Mischung verschiedener Substanzen. Hingegen spricht man beim inhomogenen Pellet von heterogenen Kern-Schalte Partikeln, welche schichtweise durch Auftragen eines Pulvers oder einer Suspension aufgebaut werden. Eine Auswahl der unterschiedlichen Herstellungsverfahren im Rotorgranulator wird folgend beschrieben.

Direktpelletierung

Die prinzipiellen Vorgänge bei der Direktpelletierung sind in Abbildung 1-3 dargestellt. Die Grundmechanismen sind ähnlich zur Aufbauagglomeration, bei dieser wird eine Binderflüssigkeit oder Schmelze in ein bewegtes Partikelbett eingesprüht. Die Bindertropfen stoßen mit Pulverpartikeln zusammen, diese werden benetzt und formen wiederum mit anderen Partikeln eine Agglomeratstruktur. Je nach Stabilität der Brücken zwischen den Einzelpartikeln wiederholt sich dieser Vorgang oder diese zerfallen in einzelne Fragmente und bilden mit anderen wiederum ein weiteres Agglomerat. Der Prozess wird durch Agglomerieren und anschließendes Aufbrechen der Pellets geprägt. Aufgrund der hohen Belastungskräfte im Rotorgranulator, entstehen durch ständiges Abrollen und aufgrund der Scherkräfte der Rotorscheibe homogene, sphärische Granulate mit einer glatten Oberfläche und hoher Festigkeit.

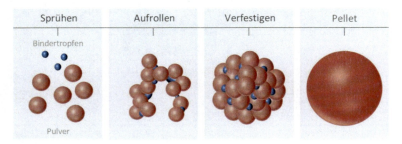

Abbildung 1-3: Prinzip der Direktpelletierung (adaptiert Glatt).

Extrusion / Sphäronisation

Bei diesem Verfahren handelt es sich um eine weit verbreitete Variante zur Herstellung von homogenen Pellets. So sind für diesen Prozess mehrere Verfahrensschritte und Apparate notwendig: Im ersten Schritt werden die einzelnen Pulver (z.B. Hilfsstoff und Wirkstoff) in Planeten- oder Intensivmischer unter Zugabe von Binderflüssigkeiten vermischt und anschließend über eine Extruder Einheit in zylinderförmige feuchte Partikel überführt. Im nächsten Schritt, dem Sphäronisieren wird das Extrudat unter Einwirkung der Rotorscheibe aufgebrochen und zu sphärischen Pellets verrundet.

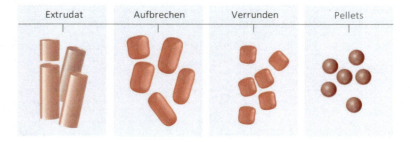

Abbildung 1-4: Prinzip des Extrusions-/Sphäronisationsprozess (adaptiert Glatt).

Je nach Feuchtegrad und Rotordrehzahl lässt sich die Form und Festigkeit der Pellets einstellen. Ist beispielsweise der Feuchtegrad sehr gering und die Rotordrehzahl sehr hoch, so entstehen viele kleine Partikel die unter Umständen sogar bis zu den Primärpartikeln zerfallen (Woodruff und

Nuessle, 1972). Ist der Feuchtegrad höher, so können abhängig von der Rotordrehzahl runde und sogar stäbchenförmige Granulate erzeugt werden (Kristensen, 1996). Dieses Verfahren zeichnet sich durch eine sehr enge Korngrößenverteilung und möglichst hoher Wirkstoffbeladung aus. Aufgrund der starken Verdichtung des Materials beim Extrudieren besitzen die Produkte eine hohe mechanische Festigkeit.

Pulverbeschichtung („Dry Powder Layering")

Eine Variante zur Herstellung von sphärischen heterogenen Pellets stellt der schichtweise Aufbau von Startkernen im Rotorgranulator dar. Das Verfahren ähnelt dem des Dragierens. Jedoch erfolgt hier die schichtweise Auftragung durch das gleichzeitige einbringen pulverförmiger Materialien („trockenes Coating") und einer Binderflüssigkeit. Zudem findet ein gleichzeitiger Aufbau und Ausrundungsprozess der Pellets statt. Alternativ kann mittels „Filmcoating" die Pulverschale mit einer funktionellen Hülle „versiegelt" werden. So lässt sich das Freisetzungsprofil einer Substanz definiert steuern. Dies findet z.B. bei festen, oral verabreichten Medikamenten, welche sich nicht im Magen, sondern erst im Darm auflösen sollen, Anwendung. Die Wahl des Bindemittels beeinflusst zusätzlich die Freisetzung des Wirkstoffes (Groebel, 2004). Auch ist ein „Multilayering" von Kernen möglich. Dabei wird jede einzelne, mit verschiedenen Substanzen ausgebaute, Pulverschale mittels Coating „versiegelt". Somit ergibt sich ein „zwiebelstrukturartiges" Pellet (siehe Abbildung 1-5), mit dem sich die Freisetzung der einzelnen Schichten durch das Auflösungsverhalten der jeweiligen Filmschichten beeinflussen lässt. Üblicherweise werden Startkerne aus Mikrokristalliner Zellulose (MCC), Zucker oder Stärke verwendet (Bornhöft, 1996). Die hohen Auftragungsraten bei Pulverbeschichtungsverfahren bieten die Möglichkeit die Prozesszeit im Vergleich zum Beschichten mittels Lösungen deutlich zu verkürzen, wobei diese eine anspruchsvollere Lenkung des Prozesses erfordert (Iyer et al., 2008).

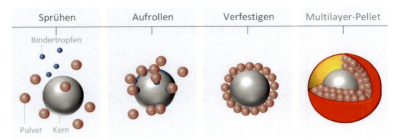

Abbildung 1-5: Prinzip der Pulverbeschichtung – „Dry Powder Layering" (adaptiert Glatt).

1.2   Rotorgranulation

Der Rotorgranulator (RG) ist eine Weiterentwicklung von konventionellen Wirbelschichten und stellt eine Kombination aus einem Sphäronisierer und der klassischen Wirbelschicht dar. Da mehrere Prozessschritte vereint bzw. kombiniert werden können, gelten diese als „Single pot equipment". Sie werden auch als universelle Lösung zur Herstellung von homogenen als auch heterogenen Partikeln eingesetzt. Ausgehend von den bereits beschriebenen Verfahren (Direktpelletierung, Pulverbeschichtung, etc.) können Rotorgranulatoren auch nur zur Partikelbeschichtung eingesetzt werden (Iyer et al., 2008).

Jäger und Bauer (Jäger und Bauer, 1982) untersuchten erstmalig die Gutsbewegung im Apparat und stellten experimentell Zusammenhänge zwischen den Betriebsparametern und den Produkteigenschaften her. Pisek et al. (Pisek et al., 2001) verglichen unterschiedliche Apparatekonfigurationen anhand der Direktpelletierung von MCC-Matrixpellets mit dem Extrusions-/Späronisationsverfahren als auch High-Shear-Mixer-Verfahren (Pisek et al., 2001). Eine weitere Vielzahl an wissenschaftlichen Untersuchungen beschäftigten sich mit der Analyse der Einflussgrößen der eingesetzten Binderflüssigkeiten sowie Festoffen auf die granulare Strömung sowie finalen Produkteigenschaften (Bouffard et al.; 2007; Vervaet et al.; 1995, Cerea et al.; 2004, Kablitz et al., 2006). Jones et al. (Jones, 2010) gibt einen ausführlichen Überblick zu den Anwendungsbereichen der Rotorwirbelschicht.

1.2.1   Aufbau und Funktionsweise

Das zentrale Element des Rotorgranulators stellt die sich am Boden befindliche rotierende Scheibe dar, auf welcher sich Startkerne oder das Pellertiergut befinden. Während in klassischen Wirbelschichten (Abbildung 1-1b) das Prozessgas von unten über einen Siebboden eingebracht wird, strömt bei dem Rotorgranulator das Gas vertikal über einen engen Ringspalt zwischen Rotorscheibe und Prozesskammerwand in das Materialbett ein. Abbildung 1-6 verdeutlicht die Strömungsführung des Gases im Rotorgranulator schematisch. Aufgrund der wesentlich geringeren Anström- bzw. Austrittsfläche wird deutlich weniger Prozessluft ins das Produktbett eingebracht, was wiederum zu einer erwünschten geringeren Fluidisation des Feststoffes und damit zu einem dichteren Produktbett führt. In einigen Apparateausführungen wird zusätzlich die Spaltbreite variiert und somit die Gaseintrittsgeschwindigkeit in die Prozesskammer und des Weiteren die Fluidisation gesteuert. Neben der Fluidisation des Feststoffes erfolgt die Trocknung des Produktes hauptsächlich durch die Prozessluft.

Rotorgranulatoren, High Shear Mixer oder auch Sphäronisierer zeichnen sich durch eine einzigartige granulare Strömungsform aus. Diese wird nicht wie bei Wirbel- oder Strahlschicht ausschließlich durch die Verwirbelung mittels Gas erzeugt, sondern wird durch ein Zusammenwirken der im Apparat auf die Partikel wirkenden Zentrifugal-, Gravitations- und Widerstandskräfte erzeugt. In der Literatur wird diese oft als die „spiralkranz-artigen Gutsbewegung" beschrieben (Jäger und Bauer, 1982).

In der zylindrisch-konischen Prozesskammer erfolgt die Hauptbewegung des Partikelbettes in tangentialer Richtung. Diese wird durch die rotierende Bodenscheibe maßgeblich dominiert, wobei die Oberflächenbeschaffenheit und Drehzahl eine maßgebende Rolle spielen (Parikh, 2010; Kristensen et al., 2000; Vuppala et al., 1997). Diese kann entweder eine glatte oder strukturierte Oberfläche aufweisen. Scheiben mit strukturierten Oberflächen in Form von abgerundeten Ausstülpungen werden beispielsweise bei Sphäronisationsprozessen oder Direktpelletierung eingesetzt. Ziel ist es einen verbesserten Energieeintrag zu erreichen und zum anderen die Scherkräfte, welche zur Verdichtung und Ausrundung des Pellets notwendig sind, zu erhöhen. Zusätzlich zu der beschriebenen tangentialen Hauptströmung, wird diese mit einer radialen, axialen Strömung überlagert. Die durch die rotierende Scheibe hervorgerufene und auf die Partikel wirkende Zentrifugalkraft, bewegt das Material horizontal in Richtung Prozesskammerwand und wird dort von der aus dem Ringspalt strömenden Prozessluft vertikal an der Wand nach oben befördert. Am oberen Punkt stellt sich ein Kräftegleichgewicht ein und die Partikel werden zurück in Richtung Mittelpunkt der Rotorscheibe bewegt. Daraus ergibt sich eine geschlossene Strömung der Partikel. Im Gesamten wirken zusätzlich eine Vielzahl von Kräften (z.B. Kollisions-, Scherkräfte) auf die Partikel ein, wobei eine Partikelrotation hauptsächlich von der Rotorplatte und den Kollisionen zwischen einzelnen Partikeln und der Wand hervorgerufen wird. So haben verschiedene Prozessparameter, wie beispielsweise Rotordrehzahl oder Spaltgasgeschwindigkeit, einen signifikanten Einfluss auf die Gutsbewegung bzw. Produktbeanspruchung im Apparat und damit direkte Auswirkungen auf die finale Produktqualität. Ein wesentlicher Prozessparameter bei der Granulation oder Pelletierung stellt das Einbringen des Binder- oder Beschichtungsmaterials dar. Diese werden in der Regel mittels einer tangential an der Prozesskammerwand positionierten Düse direkt ins Produktbett und in Bewegungsrichtung eingesprüht.

Je nach Hersteller variiert die bauliche Ausführung der Rotorwirbelschicht. So besitzt der Rotorgranulator der Firma Glatt GmbH über der Prozesskammer zusätzlich einen Expansionsraum mit Filterreinigung. Die Gesamtanlage ist als modularer Aufbau ausgeführt und kann durch das Ersetzten der Rotoreinheit auch als Wirbelschicht verwendet werden. Der Prozess wird im Saugbetrieb gefahren. Im Gegensatz dazu wird der CF-Granulator (Freund Industrial Co) mit Prozessluft-Überdruck betrieben. Der Aufbau ähnelt den Ausführungen eines klassischen Sphäronisierers. Freund-Vector Corporation vertreibt mit einer konisch geformten Rotorscheibe und sich im unteren Teil verengende Prozesskammer, eine modifizierte Variante der klassischen Rotorwirbelschicht. Dadurch soll ein verbesserter Energieeintrag und eine intensivere Gutsbewegung erreicht werden (Ebert, 2010). Bei einigen Apparateausführungen (Glatt, Aeromatic und Freund Industrial) werden Flüssigkeit und Pulver über dem Gutbett positionierten Düsen oder aus der Zentrum eingebracht. Die aufgeführten Hersteller und Produkte stellen nur eine grobe Übersicht und keine Vollständigkeit der am Markt verfügbaren Rotorgranulatoren dar.

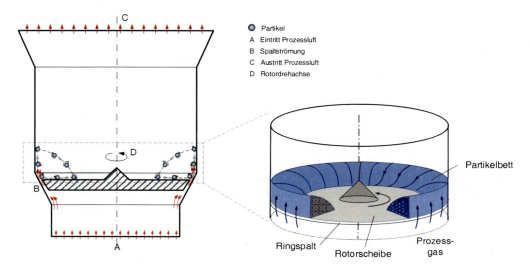

Abbildung 1-6: Schematische Darstellung des Rotorgranulators Rotor 300 von Glatt.

Neben den Anlagenparametern, sind Prozessparameter ebenso wichtige Größen bei der stabilen Prozessführung. So wird die Spaltgasgeschwindigkeit einerseits über die Variation der Spaltbreite oder über dem Gasvolumenstrom gesteuert. Dazu stellt die Bettfeuchte ebenso einen wichtigen Faktor dar, wobei eine hohe Bettfeuchte das Partikelwachstum einerseits fördert, jedoch eine Überfeuchtung zu Verklumpungen und geringerer Partikelmobilität führt (Iveson et al., 2001). Bei geringen Sprühraten, verringert sich die Plastizität sowie Festigkeit der Pellets signifikant und führt in der Formulierungsphase zu einer unregelmäßigen Pelletform (Paterakis et al., 2002). Die optimale Gutfeuchte kann über die Sprührate, dem Volumenstrom oder der Eintrittstemperatur der Prozessluft eingestellt werden (Gajdos, 1983).

Um die zuvor genannten Verfahren zu realisieren, werden an den Rotorprozess folgende Anforderungen gestellt.

- Gute Mischungseigenschaften hinsichtlich der finalen Zusammensetzung der einzelnen Granulate bzw. Pellets
- Optimale Trocknungseigenschaften: Erforderlich damit die Flüssigkeitsbrücken trocknen und sich möglichst schnell Feststoffbrücken ausbilden. Daraus folgt ein hoher Feststoffdurchsatz und somit eine schnelle Produktion von Granulaten.
- Optimale Feuchteeinbringung und Vermeidung von lokaler Überfeuchtung, da diese sich negativ bezüglich der Durchmischung und zu möglichen Anlagerungen an den Prozesswänden führen.
- Hohe Scherkräfte auf der Rotorscheibe: Gewährleistung einer sphärischen Form sowie kompakte Struktur der Granulate.

1.3 Messtechnik zur Erfassung von Gas-Feststoff-Strömungen

Für verschiedene Anwendungsbereiche wie beispielsweise zur Apparateauslegung, Maßstabsübertragung oder Prozessentwicklung von Wirbelschichten oder Mischern, ist die Kenntnis der Einflüsse der Prozessparameter auf die beteiligten Phasen (Gas, Feststoff) unerlässlich. So ist die Kenntnis der Trajektorien, Geschwindigkeit, Beschleunigung oder Rotation der einzelnen Partikel in einer Mehrphasenströmung für das Verständnis des Gesamtprozesses von wesentlicher Bedeutung. Zur Beantwortung dieser Fragenstellungen sind nach dem heutigen Stand der Technik unterschiedlichste Messmethoden verfügbar. Diese Techniken zur Beschreibung von bewegten Gas-Feststoff-Phasen lassen sich in zwei Hauptkategorien einteilen: (1) Die Betrachtung ganzer Partikelkollektive in einem bestimmten Abschnitt des Apparats; (2) Die Verfolgung des Bewegungsverlaufes einzelner bzw. mehrere Partikel (Tracer) über einen bestimmten Zeitraum innerhalb der gesamten Prozessgrenzen. Abhängig von den betrachteten Parametern existieren Messsysteme, die unterschiedliche Eignungen für die Erfassung der benötigten Daten besitzen.

Tabelle 1-1 gibt eine Übersicht über bekannte Messtechniken, welche in den folgenden Abschnitten näher beschrieben werden.

Tabelle 1-1: Übersicht der Messverfahren zur Erfassung von Partikelströmungen (adaptiert Mohs et al., 2009).

Messverfahren	Prinzip	Auflösung [‡]	Vor- und Nachteile
Nicht-bildgebende Messmethoden			
Faseroptische Messsonden	Aussenden und Empfang von Licht	niedrig	+ günstig − invasiv
Laser-Doppler-Anemometer (LDA)	Effekt der Doppler-Verschiebung		+ Geschwindigkeit /Konzentration − komplizierter Aufbau
Optische Messmethoden			
Particle-Image-Velocimetry (PIV)	Hochgeschwindigkeits-aufnahmen	hoch	+ Auflösung − 2D
Interfacial- Image-Velocimetry (IPIV)	Hochgeschwindigkeits-aufnahmen	hoch	+ gekrümmte Wand − geringe Partikelkonzentration
Laser-Fläche	Bildaufnahme von Projektionsflächen		+ alle Geometrien − transparente Prozesskammer
Tomographische Messmethoden			
Computerassistierte Tomographie (CT)	Absorption von γ-Strahlung	hoch	+ hohe Auflösung − Kosten
Magnet-Resonanz-Tomographie (MRT)	Kernspinresonanz	hoch	+ hohe Auflösung − Kosten
Electrical-Capacitance-Tomography (ECT)	Messung der dielektrischen Primitivität	mittel	+ Kosten − geringe Auflösung
Electrical-Capacitance-Volume-Tomography (ECVT)	Überlagerung von ECT	mittel	+ komplexe Geometrien − geringe Auflösung
Messverfahren zur Einzelpartikelverfolgung			
Particle- Image-Velocimetry (PIV)	Hochgeschwindigkeits-aufnahmen	hoch	+ Einzelpartikel − 2D
Possitron-Emission-Particle-Tracking (PEPT)	Partikeltracer: Radioisotop	mittel	+ mehrere Tracer − γ Strahlung
Fluoreszenz / Phosphoreszenz	Partikeltracer: Fluor-/Phosphoreszenz	niedrig	+ Kosten − transparente Kammer
Microwave Heating – Infrared Thermal Imaging (MH-ITI)	Partikeltracer: differente Wärmekapazität	mittel	+ einfach − 2D
Magnetic-Particle-Tracking (MPT)	Partikeltracer: Magnet	mittel	+ Tracer-Rotation messbar − Tracergröße

[‡] hoch: <1 mm, mittel: 1-5 mm, niedrig: >> 5 mm

1.3.1 Nicht-bildgebende Messmethoden

Für die Erfassung von Partikelkonzentrationen und Partikelgeschwindigkeiten in Wirbelschichten werden häufig faseroptische Messsonden verwendet. Diese bestehen aus Glasfasern, die durch eine Laserdiode Licht emittieren und das von den Partikeln reflektierte Licht aufnehmen. Die mit Photodioden gemessene Lichtintensität ist dabei ein Maß für die volumetrische Feststoffkonzentration. Werden mehrere Fasern in einer Diode vereint, die einen definierten Abstand zueinander aufweisen, kann die Partikelgeschwindigkeit über das Zeitintervall der Einzelsignale bestimmt werden. Link et. al (Link et al., 2009) untersuchten mit faseroptischen Messsonden die Granulation in einer Sprühwirbelschicht.

Anders als die Messtechnik mit faseroptischen Messsonden stellt das Laser-Doppler-Anemometrie (LDA) eine nicht-invasive Messtechnik dar. Neben dem Einstrahl-Laser-Doppler-System gibt es das als Strömungsmesstechnik häufiger verwendete Zweistrahl-Laser-Doppler-System. Bei diesem System wird ein Laserstrahl aufgeteilt und unter einem bestimmten Winkel wieder zusammengeführt. Passiert ein Partikel diesen Kreuzbereich wird das zerstreute Licht von einem Detektor aufgenommen. Die Frequenz des Doppler-verschobenen Lichtstrahls gibt Aufschluss über die Geschwindigkeit des Partikels. Auch kann die Partikelgröße und Partikelkonzentration über die Signalamplitude, Phase des Signals und die Dauer des Signals bestimmt werden. Ein wesentlicher Vorteil dieser Messmethode ist die zeitgleiche Erfassung der Geschwindigkeit, der Partikelgröße und der Partikelkonzentration. Arastoopour et al. untersuchten Mehrphasenströmungen mit Zweistrahlen-LDA (Chaouki, 1997).

1.3.2 Optische Messmethoden

Optische Messmethoden beruhen auf der Aufnahme von Bildern eines definierten Ausschnittes der Prozesskammer. Durch anschließende Bildverarbeitung ist es möglich, die Bewegung der Partikel zurückzuverfolgen. Diese Messmethode kann nur an transparenten Apparatewänden eingesetzt werden.

Bei der Teilchenbildgeschwindigkeitsmessung (engl.: Particle-Image-Velocimetry PIV) wird über die räumliche Verschiebung der Einzelpartikel in einem bestimmten Zeitintervall das Geschwindigkeitsfeld des Partikelschwarms ermittelt.

(Agarwal et al., 2011) untersuchte mit diesem Verfahren die Partikelbewegung einer Mehrdüsenwirbelschicht. Die Prozesskammer muss jedoch aufgrund der frontalen Aufnahme planar und vom Breite-Tiefe-Verhältnis her flach sein, um die Geschwindigkeitsvektoren korrekt zu berechnen. Nguyen et al. entwickelten eine Methode für die Anwendung der optischen Messung für gekrümmte Kammerwände (Nguyen et al., 2010; Nguyen et al., 2012). Das Interfacial-Particle-Image-Velocimetry-Verfahren (IPIV) teilt eine gekrümmte Oberfläche in ein virtuelles Raster ein und rekonstruiert dieses in eine planare Aufnahme, die anschließend analog zum PIV-Verfahren weiterverarbeitet wird. Eine weitere optische Messmethode untersuchten mittels einer in eine Wirbelschicht projizierten Laser-Fläche das Partikelströmungsfeld Horio et al. (Horio und Kuroki, 1994). Durch das Aufspannen mehrerer Laser-Flächen können die Strömungen auch in mehreren Raumrichtungen betrachtet werden.

1.3.3 Tomographische Messmethoden

Tomographische Messmethoden beruhen auf Schnittbildern bzw. Tomogrammen, welche den Unterschied einer physikalischen Eigenschaft der Fest- und Gasphase darstellen. Über eine Aneinanderreihung der Tomogramme kann die zeitliche Partikelbewegung im entsprechenden Messbereich beschrieben werden.

Kumar et. al (Chaouki, 1997) untersuchten mit Hilfe von computerunterstützter Gamma- und Röntgenstrahltomographie Mehrphasenströmungen. Diese basieren auf der unterschiedlichen Absorptionsfähigkeit des bestrahlten Materials und damit der Darstellung der Feststoffkonzentrationen in einer Wirbelschicht.

Bei der Magnet-Resonanz-Tomographie (MRT) wird der Effekt der Kernspinresonanz genutzt. Dabei ist die Anwesenheit einer definierten Nuklidart Vorrausetzung, um die Feststoff- und Gasphase unterscheiden zu können. Müller et. al (Müller et al., 2011) untersuchten mit dieser Technik die Partikelströmung einer Wirbelschicht, um mit den Daten ein simuliertes Modell zu validieren.

Ein weiteres tomographisch bildgebendes Verfahren ist die Elektro-Kapazitiv-Tomographie (engl.: Electrical-Capacitance-Tomography ECT). Bei dieser Technik wird die dielektrische Leitfähigkeit der Materialien ermittelt. Wang et al. beobachteten mit ECT die Effekte in einer zirkulierenden Wirbelschicht (Wang et al., 2008). Eine Erweiterung des ECT ist die Elektro-Kapazitiv-Volumen-Tomographie (engl.: Electrical-Capacitance-Volume-Tomography ECVT). Durch den Einsatz von weiteren Sensoren können mehrere Schnittbilder des Messvolumens erstellt werden, die zu einem dreidimensionalen Bild zusammengefügt werden. Somit werden auch Messvolumina vermessen, die keine einfachen geometrischen Formen aufweisen. Die Einsatzmöglichkeiten des ECVT-Verfahren wird in (Wang et al., 2010) detailliert beschrieben.

1.3.4 Messverfahren zur Einzelpartikelverfolgung

Bei Messverfahren zur Einzelpartikelverfolgung wird ein Partikel im gesamten Kollektiv auf unterschiedlichste Arten markiert, um diese von den restlichen Bettpartikeln zu unterscheiden. Die Marker-Partikel, auch als Tracer bezeichnet, besitzen dabei vergleichbare geometrische Abmessungen und physikalische Eigenschaften wie das restliche Partikel, um ein repräsentatives Verhalten wiederzugeben. Die folgenden Abschnitte behandeln Messmethoden zur Einzelpartikelverfolgung mit unterschiedlichen Markierungsarten:

Positronen-Emissions-Partikel-Verfolgung

Die Positronen-Emissions-Partikel-Verfolgung (engl.: Positron-Emission-Particle-Tracking PEPT) arbeitet mit Radioisotopen als Markierung einzelner Tracer. Durch den Zerfall des Isotops werden Positronen ausgesandt, die auf umliegende Elektronen treffen. Beim Zusammentreffen entstehen dabei zwei Gammastrahlen, welche in exakt gegenläufige Richtung austreten. Über Triangulation wird anschließend die Position des Markers im Raum bestimmt. Eine kontinuierliche Verfolgung des Tracers ist möglich, allerdings hängt der Messzeitraum von der Halbwertszeit des Isotops ab. Middah et. al (Middha et al., 2013) nutzte diese Methode zur Bestimmung der Partikelbewegungen bei der pneumatischen Förderung. Bei diesem Verfahren können auch mehrere Tracer-Partikel verwendet werden, welche mit unterschiedlichen Radioisotopen, markiert sind (Yang et al., 2007).

Fluoreszenz-/ Phosphoreszenz-Verfahren

Die Tracer-Partikel werden bei diesem Verfahren durch optische Anregung aktiviert, wodurch diese fluoreszierende oder phosphoreszierende Strahlen bei der anschließenden Deaktivierung abgeben. Diese Strahlen werden durch eine transparente Prozesskammer unter UV-Licht aufgenommen und anhand bildanalysischer Untersuchungen bewertet. Mit mehreren Hochgeschwindigkeitsaufnahmen kann die Trajektorie des Marker-Partikels rekonstruiert werden. Karlsson et. al (Karlsson et al., 2006) untersuchte mit dieser Methode die Partikelbewegung in einer Wurster Wirbelschicht.

Dielektrische-Erwärmungs-Thermografie-Verfahren

Eine neuartige Methode der Einzelpartikelverfolgung stellt das Dielektrische-Erwärmungs-Thermografie-Verfahren (engl.: Microwave-Heating-Infrared-Thermal-Imaging MHITI) dar.

Durch die von außen kontinuierliche Erhitzung des Marker-Partikels mittels Mikrowellen kann dieser mit Infrarot-Kameras über einen definierten Messzeitraum aufgezeichnet werden. Durch anschließende Bildverarbeitung wird die Trajektorie des Marker-Partikel wiedergegeben.

Zur Unterscheidung des Marker-Partikels vom Bettmaterial werden für den Marker polare und für die Bettpartikel unpolare Materialien verwendet, welche Form und Dichte nicht unterscheiden. Dadurch werden die polaren Marker-Partikel bei der Bestrahlung durch Mikrowellen erhitzt und ohne dass sich die Temperatur der Bettpartikel verändert. Bei der Bildaufzeichnung durch beispielsweise eine Infrarot-Glasscheibe wird dann lediglich das Marker-Partikel sichtbar. Zang et. al (Zhang et al., 2012) entwickelten diese Methode für die Untersuchung der Partikeldispersion in einer Strahl-Wirbelschicht. Wie das PIV-Verfahren auch, stellt das MH-ITI-Verfahren eine optische Messmethode dar, die für die Bildaufzeichnung eine plane Oberfläche benötigt. Dies schränkt den Einsatzbereich der Messmethode auf die zweidimensionale Betrachtung ein. Anders als beim PIV-Verfahren jedoch kann die Partikelbewegung auch in dichten Partikelströmungen untersucht werden. Des Weiteren zeichnet sich diese Messmethode durch den relativ einfachen Aufbau und die Datenverarbeitung aus. Zudem ist die Markierung der Tracer-Partikel verglichen mit radioaktiven oder fluoreszierenden/phosphoreszierenden Materialen einfacher.

Magnetischen-Partikeldetektierung

Das Verfahren zur Magnetischen-Partikeldetektierung (engl.: Magnetic-Particle-Tracking MPT) wurde ursprünglich für den Medizinbereich entwickelt, um Retentionszeiten des Verdauungstraktes zu ermitteln (Richert et al., 2006). Das Prinzip beruht wie bei den genannten Messmethoden auf der Verfolgung eines oder mehrerer Tracerpartikel. Das in dieser Arbeit eingesetzte MPT-Messverfahren, bestimmt mittels Detektion anhand des Anisotroper magnetoresistive Effektes (AMR) kontinuierlich die Position und Ausrichtung eines einzelnen magnetischen Tracerpartikels. Auf eine detaillierte Beschreibung wird in Kapitel 5 eingegangen.

Einer der Hauptvorteile des MPT gegenüber vergleichbaren Partikel-Tracking-Techniken (z.B. PEPT) sind die relativ geringen Kosten, Kompaktheit und einfache Verwendung hinsichtlich der dreidimensionalen Partikelströmungsanalyse. In der Vergangenheit etablierte sich diese Methode zur Partikelverfolgung und zur Untersuchung der granularen Strömung in beispielsweise Strahl- bzw. Wirbelschichten (Buist et al., 2014; Sette et al., 2015) wie auch in Rotorgranulatoren (Neuwirth et al., 2013).

Neben dem MPT-Verfahren mit AMR-Sensoren kann das Magnetfeld des Tracer-Partikels auch von Hall-Effekt-Sensoren erfasst werden. Letzterer beschreibt den Aufbau von Spannungsdifferenzen zu denen senkrecht zur Stromrichtung ein magnetisches Feld wirkt. Verläuft eine magnetische Feldlinie durch den Sensor erzeugt dieser eine Spannung, mit der die Position des Tracers bestimmt werden kann. (Mohs et al., 2009; Patterson et al., 2010; Halow et al., 2012) untersuchten die Partikelbewegung und Segregationseffekte von Biomasse in einer Strahlschicht bzw. Wirbelschicht mittels Hall-Effekt-Sensoren. (Buist et al., 2014) verglichen Strömungsfelder einer pseudo 2D Strahlschicht mit PIV Untersuchungen.

1.4   Modellierung granularer Strömungen

Mehrphasenströmungen zeichnen sich durch die Koexistenz zweier oder mehrerer Phasen (fest, flüssig oder gasförmig), die miteinander interagieren, aus. In der Literatur existieren eine Vielzahl an Methoden um diese Interaktionen oder ganze Prozessabläufe numerisch zu modellieren und theoretisch zu untersuchen. Die vorliegende Arbeit beschäftigt sich mit der numerischen Simulation einer Gas-Feststoff Mehrphasenströmung. Zur Beschreibung einer Zweiphasenströmung, bei der sich durch die Phasengrenzfläche sprunghaft die Stoffeigenschaften (z.B. Dichte oder Viskosität) ändern, ist es meist notwendig, diese in getrennten Phasen oder Skalen zu betrachten. Im Allgemeinen können mittels Computersimulationen Mechanismen von Prozessen analysiert werden, welche oft mit experimentellen Methoden kaum zu untersuchen sind.

Zunächst soll ein Überblick und eine Erläuterung über die gängigsten Modellierungsverfahren gegeben werden. Grundsätzlich lassen sich die numerischen Simulationstechniken in zwei große Gruppen einteilen. Die am häufigsten angewandten Simulationstechniken sind: a) Kontinuumsmodelle nach dem Euler-Euler-Ansatz (Computational Fluid Dynamics – CFD) und b) Einzelpartikel- bzw. Diskrete-Partikel-Modelle nach dem Euler-Lagrange-Ansatz. Beim Euler-Euler-Ansatz wird bei einer Mehrphasenströmung die Gas- und Feststoffphase als ein Kontinuum betrachtet. So werden entsprechend die Erhaltungsgleichungen (Masse, Impuls und Energie) für beide Phasen unter Berücksichtigung der Phasenanteile getrennt gelöst (O.Gryczka, 2009). Als Grundlage hierfür ist eine Erweiterung des stochastischen Ansatzes zur Kinetischen Gastheorie (Chapman und Cowling, 1990), die „Kinetischen Theorie Granularer Strömungen (KTGS)". Diese Methode erlaubt die Simulation von Abläufen in Wirbel- und Strahlschichten (Gryczka et al.; 2009a, Gryczka et al., 2009b; van Wachem et al., 2001), Zwangsmischern (Ng et al., 2009) oder Rotorwirbelschichten (Broqueville und Wilde, 2009) im Labor- und Industriemaßstab. Ein wesentlicher Nachteil dieser Simulationsmethode beinhaltet die Simulation von polydispersen Feststoffphasen (Götz, 2006) sowie eine detaillierte Betrachtung der Partikelinteraktion (Stoßeigenschaften und Reibung). Energiedissipationen aufgrund von nicht-elastischen Stoßen werden im Model lediglich mittels einem Dämpfungsparameter beschrieben (Patil et al., 2005; Fries et al., 2012).

Eine Alternative bildet hier der deterministische Ansatz der Diskreten Elemente Methode (DEM). Diese betrachtet die Feststoffphase als diskretes Element, z.B. eine Vielzahl an Einzelpartikeln und berücksichtigt Interaktionen zwischen Partikel-Partikel und Partikel-Wand und lässt somit eine detailliertere Beschreibung der Dynamiken in Feststoffprozessen zu. Eine Gas-Feststoff-Strömung wird nach dem Euler-Lagrange-Prinzip, einer gekoppelten CFD-DEM realisiert, wobei die Gasphase weiterhin als Kontinuum mittels CFD beschrieben wird und unter Koppelung der DEM ein mehrphasiges System modelliert werden kann. Eine ausführliche Betrachtung dieses Prinzips wird in Kapitel 2 gezeigt. Als großen Nachteil dieser Methode erweist sich der hohe Rechenaufwand. So müssen die Bewegungsgleichungen für alle sich im System befindlichen Elemente simultan gelöst und verarbeitet werden. Dies erfordert einen hohen Anspruch an die Rechnerleistung und Speicherbedarf. In den letzten Jahren ist die Anzahl der Veröffentlichungen mit Anwendung der gekoppelten CFD-DEM-Simulationen aufgrund der verbesserten Rechenleistung stark gestiegen. Auch durch neue Ansätze mittels paralleler Verknüpfung mehrerer Grafik-Prozessoren (CUDA[®], Nvidia) können eine wesentlich höhere Anzahl an Einzelelementen und damit auch gesamte Prozesse im Industriemaßstab modelliert werden (Radeke et al., 2010; Jajcevic et al., 2013).

Eine Vielzahl an Autoren untersuchte anhand der oben beschriebenen Methode das granulare Strömungsverhalten in den unterschiedlichen Apparaten. Einen guten Überblick geben die Veröffentlichungen von (Deen et al., 2007; Zhu et al., 2008; Bridgwater, 2012; Mort et al., 2015; Rantanen und Khinast, 2015).

Diverse Mechanismen, wie das Segregationsverhalten von polydispersen Feststoffen in Tubular-Mischern (Alizadeh et al., 2014), die Entleerung von Feststoffbunkern (Thornton et al., 2012) oder Abhängigkeiten von Prozessparametern auf die granulare Strömung in Trommelmischern (Bertrand et al., 2005), Blatt-Mischern (Corwin, 2008; Chandratilleke et al., 2009; Radl et al., 2010), Wirbel- bzw. Strahlschichten (Di Renzo et al., 2008; Fries et al., 2011; Fries et al., 2013; Sutkar et al., 2013) oder Sphäronisationsapparaten (Bouffard et al., 2012; Bouffard et al., 2013) wurden mittels dieser Methode untersucht.

Abgeleitet aus den granularen Strömungssimulationen beschäftigen sich einige Forschungsgruppen mit dem diskontinuierlichen Mischungsverhalten von Feststoffen in Horizontal-Mischern (Hassanpour et al., 2011; Sakai et al., 2015), Granulatoren (Sato et al., 2008; Chan et al., 2015), Rotorwirbelschichten (Nata et al., 2003; Cheng et al., 2006; Dijksman und van Hecke, 2010; Neuwirth et al., 2013) und Strahlschichten (Ren et al., 2013) sowie kontinuierlichen Feststoffmischern (Sarkar und Wassgren, 2009; Third et al., 2010; Liu et al., 2013). In vielen Fällen werden die makroskopischen Partikeldynamiken in pseudo 2D-Systemen, wie beispielsweise eine Scherströmung am Mischelement simuliert (Siraj et al., 2011; Chandratilleke et al., 2012; Radl et al., 2012; Havlica et al., 2015) und anschließend mit Messtechniken zur Detektion von Partikelströmungen experimentell validiert (Laurent und Cleary, 2012; Neuwirth et al., 2013). Auch gesamte verfahrenstechnische Prozesse, wie die Granulation (Hassanpour et al., 2013) oder Sphäronisation (Bouffard et al., 2012; Bouffard et al., 2013) unter Berücksichtigung von Binderflüssigkeit (Washino et al., 2013), können mittels numerischer Methoden simuliert und betrachtet werden. Ein wesentlicher Vorteil der numerischen Simulation ist die schnelle und kostengünstige Abschätzung des Mischverhaltens und damit die Auswahl sowie die Maßstabsvergrößerung (Suzzi et al., 2012; Nakamura et al., 2013) des geeigneten Apparates (Cleary und Sinnott, 2008; Marigo et al., 2012).

2 Theoretische Grundlagen zur Diskreten-Partikel-Modellierung

2.1 Mathematische Betrachtung

Die Modellierung der dichten Gas-Feststoff-Strömung im Rotorgranulator erfolgte anhand der Diskreten-Elemente-Methode (DEM) für die disperse Feststoffphase in Kopplung mit der numerischen Strömungsmechanik (CFD) für die kontinuierliche Gasphase. Der Ansatz nach der gekoppelten CFD-DEM-Methode ist ein weit verbreitetes numerisches Berechnungsmodell, mit dem die Bewegungen unter Berücksichtigung der Fluiddynamik einer großen Anzahl von Einzelkörpern (z.B. Partikel, Kugel oder Würfel) berechnet werden können. Im Gegensatz zu den Annahmen in der Molekulardynamik, besitzen die diskreten Elemente ein Volumen und je drei Freiheitsgrade der Translation und Rotation. Die Basis dieser Methode ist die Berechnung nach dem Lagrangeschen-Ansatz, bei dem die Partikelbahn nach einem festen Koordinatenursprung erfolgt. Die Änderung der translatorischen Bewegung eines einzelnen Partikels (Index i) mit der Masse m in einem System resultiert aus den angreifenden Kräften und wird mit dem zweiten Newton'schen Gesetz beschrieben:

$$m_i \frac{\partial \mathbf{u}_i}{\partial t} = -V_i \, \nabla p + \frac{V_i \, \beta}{1-\varepsilon} \left(\mathbf{u}_g - \mathbf{u}_i \right) + m_i \, \mathbf{g} + \sum_{}^{n} \mathbf{F}_{c,i} + \sum_{}^{k} \mathbf{F}_{pp,i} \quad . \tag{2.1}$$

Dabei entspricht $\mathbf{u}_i$ dem Geschwindigkeitsvektor des Elements i. Auf der rechten Seite der Gleichung (2.1) befinden sich die auf das Element wirkenden Volumen- und Oberflächenkräfte, wie Druck,- Widerstands-, Gravitations-, Kontakt- (z.B. Kollisionen) und Adhäsionskräfte (z.B. Van-der-Waals oder Reibungskräfte).

Die an das Partikel i angreifenden Momente $\mathbf{T}_i$ werden nach dem Euler-Gesetz beschrieben:

$$I_i \frac{\partial \boldsymbol{\omega}_i}{\partial t} = \mathbf{T_i} \quad , \tag{2.2}$$

wobei ω_i die Winkelgeschwindigkeit sowie I_i das Trägheitsmoment bezeichnen. Darin werden die Tangentialkräfte und daraus resultierenden Momente, welche aus den Wechselwirkungen bei Kollisionen mit anderen Körpern entstehen, berücksichtigt.

Die Beschreibung der Gasphase innerhalb der dichten Gas-Feststoff-Strömung erfolgt nach dem Ansatz von Euler. Diese wird als kontinuierliche Phase angesehen und der betrachtete Prozessraum in einzelnen Sub-Volumen bzw. Gitterzellen V_{Zelle} unterteilt. Die mathematische Beschreibung einer Strömung beruht auf der Lösung der Erhaltungsgleichungen für die Masse, den Impuls und die Energie für jedes einzelne Sub-Volumen, mittels der Volumen-gemittelten Navier-Stokes Gleichungen. Aufgrund der Anwesenheit einer Feststoffphase muss die Änderung des Bilanzvolumens der fluiden Phase ebenfalls berücksichtigt werden. So darf sich die Bilanzierung folglich nur auf die mit Fluid gefüllten Lückenvolumina V_h beziehen. Dieser Ansatz wurde erstmals von Anderson und Jackson (Anderson und Jackson, 1967) beschrieben:

$$\frac{\partial}{\partial t}\left(\varepsilon\,\rho_g\right) + \nabla\cdot\left(\varepsilon\,\rho_g \mathbf{u}_g\right) = 0 \ . \tag{2.3}$$

Darin bezeichnen ρ_g die Dichte und $\mathbf{u}_g$ die Geschwindigkeit des Fluides. Der erste Term beschreibt die zeitliche Akkumulation der Masse im Bilanzvolumen und der zweite Term den konvektiven Transport von Masse durch die Oberfläche. Nach der Massenbilanz muss die zeitliche Änderung der Masse in dem Volumenelement gleich der Differenz aus ein- und austretenden Massenströmen sein.

Die Impulsbilanz für das Volumenelement ergibt:

$$\frac{\partial}{\partial t}\left(\varepsilon\,\rho_g \mathbf{u}_g\right) + \nabla\cdot\left(\varepsilon\,\rho_g \mathbf{u}_g \mathbf{u}_g\right) = -\varepsilon\nabla p_g + \nabla\cdot\left(\varepsilon\,\tau_g\right) + \varepsilon\,\rho_g \mathbf{g} - \mathbf{S}_p \ . \tag{2.4}$$

Diese setzt sich aus dem zeitlich kumulativen und konvektiven Teil (linke Seite) zusammen. Die rechte Seite beschreibt den diffusiven Impulstransport über die Grenzen des Bilanzvolumens. Der Spannungstensor τ_g für Newtonsche Fluide wird wie folgt beschrieben:

$$\tau_g = -\eta_g \left[\left(\nabla\,\mathbf{u}_g\right) + \left(\nabla\,\mathbf{u}_g\right)^T\right] - \left(\lambda_g - \frac{2}{3}\eta_g\right)\left(\nabla\,\mathbf{u}_g\right)\mathbf{I} \ . \tag{2.5}$$

Darin sind η_g die dynamische Scher- und λ_g die Kern- bzw. Volumenviskosität. Letztere ist bei inkompressiblen Fluiden identisch Null. Der Impulsaustausch zwischen der Fluid- und

Feststoffphase ist besonders bei hohen Feststoffkonzentrationen von Bedeutung und wird mittels des Impulsaustauschterm $\mathbf{S}_p$ berücksichtigt.

$$\mathbf{S}_p = \frac{1}{V_{Zelle}} \int_{V_{Zelle}} \sum_{i=0}^{N_p} \frac{\beta \, V_i}{1 - \varepsilon} \left(\mathbf{u}_g - \mathbf{u}_i \right) D \left(\mathbf{r} - \mathbf{r}_i \right) dV \; . \tag{2.6}$$

Die Verteilungsfunktion D beschreibt die Verteilung der interagierenden Kraft auf die fluide Phase im gesamten Eulerschen Berechnungsgitter.

2.2 Modellkopplung CFD-DEM

Die Interaktion zwischen der kontinuierlichen Gas- und der diskreten Feststoffphase erfolgt mittels Impulsaustausch. Zusätzlich ist bei dichten Fluid-Feststoff-Strömungen zur Berechnung der Fluiddynamik die Kenntnis der lokalen Porosität in jeder CFD Zelle essentiell. Dabei wird zunächst das Partikelvolumen über die sogenannte „Sample Points" approximiert und anschließend die Zugehörigkeit der damit verbundenen Partikelvolumen $V_{p,KV,i}$ der entsprechenden CFD-Zelle V_{Zelle} bestimmt. Die Berechnung der Porosität ε erfolgt mit:

$$\varepsilon = 1 - \frac{1}{V_{Zelle}} \sum_{i}^{N_p} V_{p,KV,i} \; . \tag{2.7}$$

Die Güte der Approximation lässt sich anhand der Anzahl der „Sample Points" je Kontrollvolumen beeinflussen. Zwar steigt bei höherer Anzahl der Berechnungspunkte die Genauigkeit, jedoch erfordert dann die Berechnung der Porosität höhere Rechenleistung bzw. Berechnungszeit.

Die Wechselwirkungen zwischen Gasphase und Partikel werden in diesem Ansatz mittels des Austauschkoeffizienten β berücksichtigt. In der Literatur finden sich eine Vielzahl an Gas-Feststoff-Widerstandsmodellen (Deen et al., 2007). Dabei sind einzelne Modelle auf bestimmte Bereiche von Feststoffkonzentrationen beschränkt.

Die Berechnung des Gas-Partikel-Austauschkoeffizienten β in Gleichung 2.6 erfolgt in dieser Arbeit anhand eines kombinierten Ansatzes aus den zwei Widerstandsgesetzen nach Ergun (Ergun, 1952) für hohe Partikelkonzentrationen ($\varepsilon < 0.8$)

$$\beta_{Ergun} = \frac{\eta_g}{d_p{}^2}\left(150\ \frac{(1-\varepsilon)^2}{\varepsilon} + 1.75\ (1-\varepsilon)\ \text{Re}_p \right), \qquad (2.8)$$

mit der Partikel-Reynoldszahl des einzeln umströmten Einzelpartikels i

$$\text{Re}_p = \frac{\rho_g\ d_p \left| \left(\mathbf{u}_g - \mathbf{u}_i \right) \right|}{\eta_g} \qquad (2.9)$$

und nach Wen & Yu (Wen und Yu, 1966b) für niedrige Feststoffkonzentrationen ($\varepsilon \geq 0.8$)

$$\beta_{Wen,Yu} = \frac{3}{4}\frac{\eta_g}{d_p{}^2}\ C_W\ \text{Re}_p\ \frac{(1-\varepsilon)}{\varepsilon^{\,2.65}}\ . \qquad (2.10)$$

Die absolute Relativgeschwindigkeit $\left| \mathbf{u}_g - \mathbf{u}_i \right|$ definiert sich aus der Geschwindigkeit des jeweiligen betrachteten Einzelpartikels i und der volumengemittelten Fluidgeschwindigkeit u_g zur korrespondierenden Gitterzelle. Das Widerstandsmodell nach Wen & Yu berücksichtigt bei der Berechnung der Gas-Partikel Widerstandskraft zusätzlich den Widerstandsbeiwert C_W einer umströmten Einzelkugel in Abhängigkeit der Re-Zahl und somit dessen Gültigkeitsbereiches. Die einzelnen Korrelationen bezeichnen die Gültigkeitsbereiche für laminare, Übergangs- und turbulente Umströmung einer Kugel.

$$C_W = \begin{cases} \dfrac{24}{\text{Re}_p} & \text{für} \quad \text{Re}_p \leq 0.5 \\[2mm] 24\left(\dfrac{1+0.15\ \text{Re}_p{}^{0.687}}{\text{Re}_p}\right) & \text{für} \quad 0.5 < \text{Re}_p < 1000 \\[2mm] 0.44 & \text{für} \quad \text{Re}_p \geq 1000 \end{cases} \qquad (2.11)$$

Der allgemeine Berechnungsalgorithmus der gekoppelten CFD-DEM ist schematisch in Abbildung 2-1 dargestellt. Nach Initialisierung der Fluid- und Feststoffeigenschaften erfolgt im ersten Schritt die interaktive Berechnung des CFD-Geschwindigkeitsfeldes. Mit der konvergierten Lösung wird mittels Kopplungsmodul und je nach zugehöriger Partikelposition und CFD-Zelle die Gas-Feststoff-Relativgeschwindigkeit und Widerstandskraft jedes Partikels berechnet. Die auf das Partikel wirkende Widerstandskraft wird anschließend im DEM-Modell berücksichtigt. Somit lassen sich die Partikeltrajektorien unter Berücksichtigung aller anderen auf ein Partikel wirkenden

Kräfte berechnen. Für die Dauer eines CFD-Zeitschrittes wird die Berechnung der Partikelbahn wiederholt. Nach Ablauf des CFD-Zeitschrittes wird die Partikelposition zurück an das Kopplungsmodul übergeben und damit die neue Porosität und der Senken-Term jeder Gitterzelle berechnet. Anhand dieser Informationen kann der CFD-Gleichungslöser das neue Geschwindigkeitsfeld iterativ berechnen.

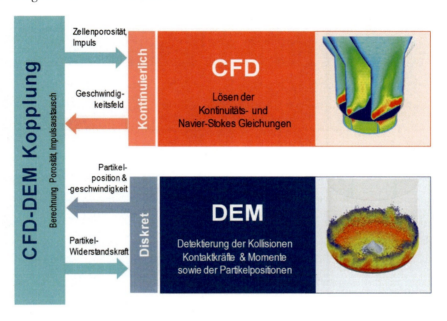

Abbildung 2-1: Modellkopplung der diskreten und kontinuierlichen Phasen.

2.3   Kontaktmodell der diskreten Phase

Tritt ein Kontakt bzw. eine Kollision zwischen einzelnen Partikeln oder Einbauten auf, so werden diese im gekoppelten CFD-DEM-Ansatz mittels eines mechanischen Kontaktmodelles beschrieben. Während die meisten Oberflächenkräfte, z.B. aerodynamische Kräfte, kontinuierlich auf ein Partikel wirken, treten Kontaktkräfte nur während dem Kontakt zwischen den diskreten Elementen auf.

In der Kontaktmechanik existieren unterschiedliche Ansätze, wie beispielsweise das „Hard-Sphere"- und das „Soft-Sphere"-Modell. Beim erst genannten Modellansatz sind Partikel als nicht-durchdringbare, homogene Elemente im Raum definiert. Die Kontakte werden dabei als Punktkontakte beschrieben, welche sich nicht überlappen. Der Algorithmus ist ereignisgesteuert und berücksichtigt lediglich Einzelstöße innerhalb eines Zeitschrittes. Campbell et. al (Campbell und Brennen, 1985) setzten dieses Modell erstmals zur Untersuchung von granularen Systemen ein. Des Weiteren benötigt dieses Model im Fall geringerer Partikelkonzentrationen geringere Rechenleistungen. Dieses Modell wurde zur Untersuchung der granularen Strömung in konventionellen (Hoomans et al., 2000), Hochdruck- (Li und Kuipers, 2002) oder zirkulierenden Wirbelschichten (Hoomans et al., 1996) eingesetzt.

Das „Soft-Sphere"-Kontaktmodell beschreibt den Kontakt zwischen zwei oder mehreren diskreten Elementen als eine dynamische Verformung. Dieses Model wurde erstmals als Simulationsmethode von Cundall & Strack (Cundall und Strack, 1979) eingesetzt. Dabei werden Partikel im Kontakt überlappt und anschließend anhand dieser eine definierte Kontaktkraft berechnet. Der Algorithmus arbeitet hierbei zeitgesteuert nach einem definierten Zeitschritt. Stehen mehrere Partikel im Kontakt, so ergibt sich die Gesamtkontaktkraft aus der Summe der Einzelkontaktkräfte.

In der vorliegenden Arbeit wird nach dem „Soft-Sphere"-Ansatz das Kontaktmodell von Hertz (Hertz, 1882) zur Beschreibung von elastischen Stößen in Normalrichtung verwendet. Dieses Modell wurde von Tsuji et al. (Tsuji et al., 1993) mit einem Dämpfungsterm erweitert, um viskose Energiedissipationen zu beschreiben. Um auch den tangentialen Anteil des Stoßvorganges zu berücksichtigen wird der schlupffreie Approximationsansatz nach Mindlin und Deresiewicz (Mindlin und Deresiewicz, 1953) herangezogen.

Abbildung 2-2 stellt das Prinzip eines Stoßes zwischen zwei Partikeln bzw. Partikel-Wand für das „Soft-Sphere"-Modell dar.

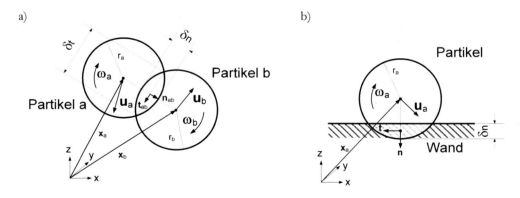

Abbildung 2-2: Stoßkonfiguration: Partikel-Partikel (a), Partikel-Wand (b).

Findet beispielsweise ein Kontakt zwischen den Partikeln *a* und *b* statt, ergibt sich ein Abstand der Mittelpunkte $|\mathbf{x}_a - \mathbf{x}_b|$ aus der Summe der beiden Kugelradien r_a und r_b. Die im weiteren Kollisionsvorgang aufgrund der Verformung beider Körper entstehende Überlappung in Normalrichtung δ_n lässt sich wie folgt berechnen:

$$\delta_n = r_a + r_b - |\mathbf{x}_a - \mathbf{x}_b| \; .$$ (2.12)

Die Relativgeschwindigkeit $\mathbf{u}_{rel,ab}$ im Kontaktpunkt der beiden Körper setzt sich aus dem translatorischen $\mathbf{u}_{rel,ab} = \mathbf{u}_a - \mathbf{u}_b$ und dem rotatorischen $\boldsymbol{\omega}_{rel,ab} = \boldsymbol{\omega}_a - \boldsymbol{\omega}_b$ Anteil der Bewegung zusammen und wird in eine Normal- und Tangentialkomponente aufgeteilt:

$$\mathbf{u}_{rel,n,ab} = \left(\left(\left(\mathbf{u}_{rel,ab} - \mathbf{u}_{rel,n,ab} \right) - \left(r_a\, \omega_a + r_b\, \omega_b \right) \times \mathbf{n}_{ab} \right) \cdot \mathbf{n}_{ab} \right) \mathbf{n}_{ab} \; ,$$ (2.13)

$$\mathbf{u}_{rel,t,ab} = \mathbf{u}_{rel,ab} - \mathbf{u}_{rel,n,ab} \; .$$ (2.14)

Für den Normalenvektor im Stoßpunkt gilt:

$$\mathbf{n}_{ab} = \frac{\mathbf{x}_a - \mathbf{x}_b}{|\mathbf{x}_a - \mathbf{x}_b|} \; .$$ (2.15)

Um die Wechselwirkungen bei einem Stoß zu beschreiben, werden Ersatzmodelle aus der klassischen Mechanik herangezogen. So erfolgt die Modellierung der physikalischen Effekte durch Stoß-, Dämpfungs- und Reibungskräfte nach dem Feder-Dämpfungs-Ansatz. Das Ersatzmodell für den Stoß in Normal- bzw. tangentialer Stoßrichtung ist in Abbildung 2-3 dargestellt. Beide Elemente sind parallel verschaltet. Dabei beschreibt die Feder die Speicherung der kinetischen Energie im Körper, wobei die Energiedissipation bei realen Stößen und Reibungseffekten durch den Dämpferanteil bzw. ein Reibelement berücksichtigt werden. Bei vollständig elastischen Stößen entfällt der Dämpfungsanteil im Modell.

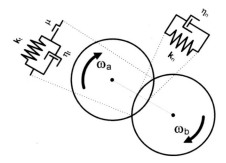

Abbildung 2-3: Ersatzmodell im DEM „Soft-Sphere" Kontaktmodell (adaptiert Antonyuk, 2006).

Bei einer elastischen Deformation verteilt sich nach Hertz'scher Theorie der Druck elliptisch innerhalb der Kontaktzone. Die Beschreibung der Normalkraft nach dem Feder-Dämpfer-Prinzip in Abbildung 2-3, erfolgt mit:

$$\mathbf{F}_{c,n,ab} = -k_n \cdot \delta_n^{1.5} \cdot \boldsymbol{n}_{ab} - \eta_n \cdot \mathbf{u}_{rel,n,ab} \ . \tag{2.16}$$

Im Kontaktmodell wird der elastische Anteil (Feder) nach der nichtlinearen Funktion behandelt. So verhält sich die normale Kontaktkraft $\mathbf{F}_{n,ab}$ für den elastischen Anteil, mit der Kontaktsteifigkeit k_n, proportional mit der Verformung $\delta_n^{1.5}$ in Normalrichtung.

Die Kontaktsteifigkeit k_n resultiert aus den Kontaktsteifigkeiten der einzelnen Stoßpartner und deren Geometrie. Der mittlere Krümmungsradius r^* und der effektive Elastizitätsmodul E^* der Kontaktpartner ergibt sich mittels der Poissonzahl (Querdehnungszahl) υ wie folgt:

$$k_n = \frac{4}{3} E^* \sqrt{r^*} \ , \tag{2.17}$$

$$\frac{1}{E^*} = \frac{1 - \upsilon_a^2}{E_a} + \frac{1 - \upsilon_b^2}{E_b} \ , \tag{2.18}$$

$$\frac{1}{r^*} = \frac{1}{r_a} + \frac{1}{r_b} \ . \tag{2.19}$$

Bei inelastischen Stößen wird ein Teil der kinetischen Energie irreversibel in Verformungsarbeit umgewandelt. Diese Dissipationsenergie kann in Form des Restitutionskoeffizienten (Stoßzahl) e

ausgedrückt werden. Dieser beschreibt das Verhältnis aus der Wurzel der kinetischen Energie bzw. der Partikelgeschwindigkeiten vor und nach dem Stoß. Der Restitutionskoeffizient ist stark von der Materialpaarung der Kontaktpartner abhängig und wird empirisch bestimmt (Sommerfeld und Huber, 1999; Antonyuk et al., 2010). Die Dissipation wird im Feder-Dämpfer-Ersatzmodell nach Abbildung 2-3 durch den Dämpfungskoeffizienten η_n mit m^* als effektive Masse der Kontaktpartner beschrieben (Tsuji et al., 1992):

$$\eta_n = -2 \frac{\ln e}{(\ln^2 e + \pi^2)^{0.5}} \, (m^* \, k_n)^{0.5} \cdot \delta_n^{0.25} \, , \tag{2.20}$$

$$\frac{1}{m^*} = \left(\frac{1}{m_a} + \frac{1}{m_b} \right) \, . \tag{2.21}$$

Die tangentiale Komponente der Kontaktkraft wird ähnlich dem Ansatz der Normalkraft berechnet. Das Kontaktmodell in tangentialer Richtung ist durch ein parallel geschaltetes Feder-Dämpfer-System und ein in Reihe nachgeschaltetes Reibungselement (Abbildung 2-3) realisiert.

Bei einer tangentialen Kontaktkraft $|\mathbf{F}_{c,t,ab}| \le \mu \, |\mathbf{F}_{c,n,ab}|$ tritt nach Gleichung 2.25, eine Deformation im Kontakt auf. Erreicht jedoch die Kontaktkraft die Grenze für Haftreibung setzt zwischen den Kontaktpartnern ein Gleiten ein, und es kommt zu keiner weiteren Deformation. Die tangentiale Kontaktkraft entspricht dann dem Coulomb'schen Reibungsgesetz. Mit der tangentialen Kontaktsteifigkeit k_t, dem Dämpfungskoeffizienten η_t und dem mittleren Schubmodul G

$$k_t = 8G^* \sqrt{r^* \delta_n} \, , \tag{2.22}$$

$$\eta_t = 2 \frac{\ln e}{(\ln^2 e + \pi^2)^{0.5}} \, (m^* k_t)^{0.5} \, , \tag{2.23}$$

$$\frac{1}{G^*} = \frac{2 - v_a}{G_a} + \frac{2 - v_b}{G_b} \, , \tag{2.24}$$

gilt mit dem Gleitreibungskoeffizienten μ der beiden Materialpaarungen (Tsuji et al., 1992):

$$F_{c,t,ab} = \begin{cases} -k_t\,\delta_t - \eta_t\,u_{rel,t,ab} & \text{wenn} \quad |F_{c,t,ab}| \leq \mu\,|F_{c,n,ab}| \\ -\mu\,|F_{c,n,ab}|\,t_{ab} & \text{wenn} \quad |F_{c,t,ab}| > \mu\,|F_{c,n,ab}| \quad . \end{cases} \tag{2.25}$$

Die Überlappung in tangentialer Richtung δ_t wird mittels zeitlicher Integration der tangentialen Relativgeschwindigkeit $u_{rel,t}$ im Kontaktpunkt errechnet.

3 Theoretische Grundlagen zur Beschreibung von Mischvorgängen in Feststoffströmungen

3.1 Charakterisierung von Feststoffmischungen

Zur Beurteilung der Qualität von Feststoffmischungen mit mindestens zwei unterschiedlichen Komponenten ist es erforderlich, die Verteilung dieser im Gemisch zu verfolgen. Sollen mehrere Mischungskomponenten gleichmäßig im System verteilt sein, handelt es sich um eine äußerst komplexe mathematische Beschreibung. Die vorliegende Arbeit beschränkt sich daher bei der theoretischen als auch experimentellen Untersuchung auf die Betrachtung binärer Mischungszustände.

Die quantitative Beschreibung von Mischungsprozessen erfolgt mittels statistischer Methoden aus der Mathematik. Meist stellt der Ausgang bei Mischprozessen den vollständig entmischten Zustand dar (Abbildung 3-1a). Dabei sind p und q die Gesamtkonzentrationen der einzelnen Komponenten. Für die Konzentrationen aus einem binären Gemisch ergibt sich somit: $p + q = 1$. Ziel des Prozesses ist der Abbau von Inhomogenität und eine gleichmäßige Verteilung der Komponenten in der Gesamtmischung. Jede Probe sollte nach der Durchmischung weitgehend die gleiche Zusammensetzung wie die Grundgesamtheit aufweisen. So erwartet man beispielsweise bei einem Arzneimittel, das eine Tablette oder Kapsel, welche einer zufällig entnommenen Probe entspricht, möglichst exakt die angegebene Zusammensetzung an Wirkstoffen enthält. Bei der Betrachtung von möglichen Mischungszuständen stellt die geordnete Mischung den theoretischen Idealfall dar (Abbildung 3-1b). Die beiden Komponenten sind systematisch, ähnlich einer idealen Kristallstruktur dreidimensional angeordnet. Ob diese Form in der Praxis in Pulvermischungen vorkommt, ist umstritten (Weinekötter, 1993). Der ideal vorstellbare Zustand, der für reale Mischprozesse angenähert werden kann, wird als Zufallsmischung bezeichnet (Abbildung 3-1c). Nach (Raasch und Sommer, 1990) wird dieser wie folgt beschrieben: „Eine gleichmäßige Zufallsmischung liegt vor, wenn die Wahrscheinlichkeit, ein Mischungselement in irgendeinem Teilbereich des betrachteten Raumes anzutreffen, zu jedem Zeitpunkt für alle gleich großen Teilebereiche gleich groß ist". Die Qualität der Mischung ist also umso besser, je geringer die lokalen oder zeitlichen Abweichungen der Konzentration x_i einer Probe bezogen auf die Konzentration p der Gesamtmischung ist. Mathematisch wird dies mit der Varianz der Konzentration σ^2 beschrieben.

Die theoretische Varianz für die gesamte Mischung bei bekannter Zusammensetzung der Grundgesamtheit ergibt sich als:

$$\sigma^2 = \frac{1}{N_{total}} \sum_{i=1}^{N} (x_i - p)^2 \; , \tag{3.1}$$

wobei die Grundgesamtheit in N_{total} Proben identischer Größe aufgeteilt wird. Betrachtet man nun eine Mischung mit unbekannter Zusammensetzung mit lediglich einer zufällig verteilten Anzahl von Proben N_{total}, so erhält man die empirische Stichprobenvarianz S^2:

$$S^2 = \frac{1}{N_{total} - 1} \sum_{i=1}^{N} (x_i - \bar{x}_i)^2 \; . \tag{3.2}$$

Die Konzentration $\bar{x}_i$ der Grundgesamtheit ergibt sich damit aus dem arithmetischen Mittelwert der Einzelproben N_{total}:

$$p \approx \bar{x}_i = \frac{1}{N_{total}} \sum_{i=1}^{N} x_i \; . \tag{3.3}$$

Die Varianz für die bereits beschriebene Zufallsmischung für ein Zweikomponentengemisch mit gleicher Partikelgröße bzw. Partikelgrößenverteilungen wird nach (Lacey, 1946) folgend beschrieben:

$$\sigma_r{}^2 = \frac{p \cdot (1 - p)}{n_p} \; , \tag{3.4}$$

wobei n_p die Anzahl der Partikel in einer Probe darstellt. Da reale Proben in den seltensten Fällen eine Partikelgrößenverteilung besitzen, wird daher für jede Komponente die mittlere Partikelmasse berücksichtigt (Daumann und Nirschl, 2008).

a)   b)   c)

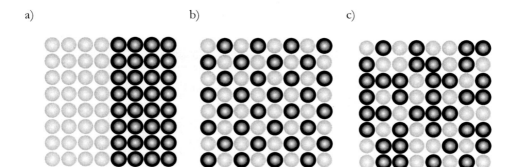

Abbildung 3-1: Spezielle Mischungen: vollständige Entmischung (a), geordnete Mischung (b), Zufallsmischung (c).

Nach Gleichung (3.4) ist die Varianz der Zufallsmischung σ_r^2 direkt vom Probenumfang abhängig und nimmt mit steigender Probengröße linear ab. Dabei spielt die Wahl der Probengröße eine entscheidende Rolle bei der Bewertung von Mischungszuständen. Ist diese beispielsweise sehr groß gewählt und nimmt im Extremfall das gesamte Partikelbett ein, zeigt der Mischungsindex auch für ein segregiertes Bett eine perfekte Durchmischung an. Ist dagegen die Probengröße so klein, dass sie nur ein Partikel repräsentiert, nimmt der Mischungsindex bei jedem Zustand des Mischungsbetts einen niedrigen Wert an. So wird bei gleichem Mischzustand mit kleineren Probengrößen der numerische Wert für die Varianz als Mischgütemaß höher. Eine zu kleine Probengröße weist eine hohe Streuung der Varianz auf, während eine zu große Stichprobe zu viel Information aufzeigt, welche die Mischung besser erscheinen lässt als sie in Wirklichkeit ist. Um die Mischgüte verschiedener Mischprozesse miteinander zu vergleichen, ist es notwendig, dass die Probengröße konstant gehalten wird. Es gibt keine allgemeingültige Festlegung für die optimale Größe der Stichprobe, jedoch sollte sie nicht willkürlich festgelegt werden. Zum Beispiel: Ist das Endprodukt eine Tablette oder besitzt dieses eine packungsdichte Form, empfiehlt es sich die Größe der Tablette bzw. der Packung als Probengröße zu nehmen (Fan et al., 1970; Sommer, 1986). Der oben beschriebene Zusammenhang trifft jedoch nur auf die Varianz der Zufallsmischung zu. So lässt sich die Varianz σ_0^2 für ein vollständig entmischtes System bei bekannter Zusammensetzung mit folgender Beziehung beschreiben:

$$\sigma_0^{\,2} = p \cdot (1 - p)\,. \tag{3.5}$$

Für die Beschreibung der Zwischenzustände eines realen Mischungssystems ist eine tiefere theoretische Betrachtung bzw. experimentelle Untersuchung notwendig. Die Abnahme der Anfangsvarianz σ_0^2 hängt von lokalen und weitreichenden Entmischungsphänomenen ab (Stalder, 1993).

Mischungsindex nach Lacey

Die Quantifizierung der Mischgüte erfolgt mit unterschiedlichsten Methoden. Einer der bekanntesten Ansätze ist der bereits vorangegangene statistische Ansatz nach *Lacey* (Lacey, 1946). Dieser definiert den zeitlichen Mischungszustand anhand des makroskopischen Mischungsindex M, welcher den Wert 0 für ein vollständig entmischtes System und den Wert 1 für stochastische Zufallsmischungen annehmen kann.

$$M(t) = \frac{\sigma_0^2 - \sigma_{(t)}^2}{\sigma_0^2 - \sigma_r^2} \qquad 0 \leq M \leq 1 \;. \tag{3.6}$$

Der Lacey-Index ist in seiner Ursprungsform nur für ein monodisperses System anwendbar. Bei einer binären Mischung mit Partikeln unterschiedlicher Größe wird die Bedingung der gleichbleibenden Partikelanzahl in einer Probe nicht erfüllt (Lacey, 1954). In der Literatur existieren eine Vielzahl an Mischungsgüte-Indizes basierend der Mischungsvarianz. Boss et. al (Boss, 1986) geben einen guten Überblick der verschiedenen Mischgütedefinitionen. In den seltensten Fällen werden Mischungsgüten ohne Varianzen definiert.

Entropie-Mischungsindex

Unabhängig von der Varianz oder Standardabweichung lassen sich Mischungsvorgänge mit Hilfe von Entropieänderungen im System beschreiben. Shannon führte im Jahr 1948 die mathematische Beschreibung der „Shannon Entropie" ein (Shannon, 1948). Eine Vielzahl von Autoren adaptierte diesen Ansatz zur Bestimmung der Mischungsvorgänge für granulare Systeme (Finnie et al., 2005), (Schutyser et al., 2001), (Guida et al., 2010), (Gu und Chen, 2014), (Masiuk und Rakoczy, 2006). Die lokale Shannon Entropie S des tatsächlichen Zustands in einer Probe i zum Zeitpunkt t ist hierbei definiert als die Konzentration p von der Komponenten j mit der Bedingung $\Sigma p_j = 1$.

$$S_i = -\sum_{j}^{m} p_{i,j} \, ln(p_{,ji}) \; .$$

(3.7)

Dieser Ansatz lässt sich auf beliebig viele Komponenten erweitern. Dabei stellt die Entropie ein Maß der Unordnung dar. Im Laufe des Mischvorgangs wird ein Ansteigen der Entropie aufgrund einer Zunahme an Unordnung verzeichnet (Gosselin et al., 2008). Es wird darauf hingewiesen, dass diese Betrachtung different von der thermodynamischen Entropie ist und keinerlei Zusammenhänge darstellt.

Für ein Mischungssystem aus zwei Komponenten, die sich lediglich anhand der Farbe unterscheiden, wird der zeitliche Entropie-Mischungsindex $M(t)$ als Verhältnis der tatsächlichen Entropie S und der maximal möglichen Entropie $S_\infty = -p_0 \ln(p_0) - (1-p_0) \ln(p_0)$, welche das System annehmen kann, definiert. Je zufälliger sich die Partikel in Bezug auf deren Grundzustand im System verteilen, desto höher die Entropie und damit der Vermischungsgrad. Abbildung 3-2 zeigt die Entropiefunktion für zwei mögliche Fälle. Dabei nimmt die Entropie einen maximalen Zustand ($S_\infty = 0.693$) bei einem Anteil der Komponenten von 50 % an.

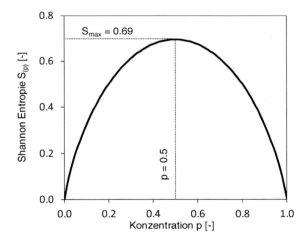

Abbildung 3-2: Entropiefunktion nach Shannon für den Fall von zwei möglichen Ereignissen (Shannon, 1948).

Somit folgt:

$$M(t) = \frac{1}{S_\infty} \sum_i S_i \frac{n_{p,i}}{N_p} \qquad 0 \leq M \leq 1 \; . \tag{3.8}$$

Zusätzlich wird die lokale Entropie in Bezug auf die Anzahl der Partikel $n_{p,i}$ der untersuchten Probe i auf alle sich im System befindlichen Partikel N_p gewichtet. Die Beschreibung der makroskopischen Mischgüte anhand der Entropie findet vor allem bei experimentellen Untersuchungen mittels der Bildverarbeitung (Gosselin et al., 2008) oder Mischungsmodellierung mittels der Diskrete-Elemente-Methode (Schutyser et al., 2001; Finnie et al., 2005) Anwendung.

3.2 Konvektions-Dispersions-Modell

Im Allgemeinen durchlaufen Mischprozesse stochastische Abläufe. So kann ein beliebiges Einzelpartikel im Mischgut mit einer bestimmten Wahrscheinlichkeit eine definierte Lage im Raum annehmen. Ein stationärer Verteilungszustand stellt sich nach unendlich langer Mischzeit als Ergebnis der individuellen Bewegungswahrscheinlichkeit der Mischgutteilchen ein (Müller, 1966). Nach Einstein (Einstein, 1906) bezeichnet der Diffusionskoeffizient die Beweglichkeit der Teilchen in Abhängigkeit von Stoffgrößen und damit vom System vorliegender Bedingungen. Die innerhalb einer Phase bewirkenden Ausgleichs- und Massentransportvorgänge beruhen damit auf den Austausch von Stoffmengen (Teilchenanzahl, Molmenge bzw. Masse) durch Molekularbewegung. Adolf Fick beschrieb diese Vorgänge bereits 1855 anhand der Fick'schen Gesetze (Fick, 1855) damit, dass ein Teilchenstrom innerhalb eines Mediums von Konzentrationsgradienten hervorgerufen wird.

Diese Betrachtung ist für partikuläre Systeme nicht vollständig übertragbar. Für das Maß der Beweglichkeit von Partikeln im Schüttgut wird deshalb der Begriff „Dispersion" verwendet. Dies lässt sich dadurch begründen, dass im Gegensatz zu Flüssigkeiten oder Gasen, bei der Vermischung von granularen Systemen den Eintrag von äußerer Energie bedarf. So würde ein, ohne den Einfluss durch beispielsweise Rühr- bzw. Mischwerkzeugen oder Gas- und Flüssigkeitsströmungen, ruhendes Partikelbett naturgemäß keine Bewegungsabläufe aufweisen. Hierbei spricht man von Partikeln in Flüssigkeiten bzw. Gasen, von Dispersionen und damit dem Dispersionskoeffizienten für ein Maß an Beweglichkeit.

Anhand von Wahrscheinlichkeitsverteilungen beschreiben Fokker (Fokker, 1914) und Planck (Planck, 1917) den stochastischen Transport- und Verteilungsprozess mittels der „FOKKER-PLANCK-Gleichung". Diese Betrachtung ist auch als „Konvektions-Diffusions-Modell" für Mischungsvorgänge bekannt und stellt die zeitliche Abhängigkeit der Wahrscheinlichkeitsdichte ϕ, eines beweglichen Teilchens (Partikel) zu einem bestimmten Zeitpunkt t und definierten Position x dar. Gleichung (3.8) beschreibt die zeitliche Änderung der Wahrscheinlichkeitsdichte individueller Partikel getrennt, anhand von konvektiven- und dispersen Mechanismen. Anschaulich kann dieser Ansatz beispielsweise anhand einer Kolbenströmung betrachtet werden. So ist die Bewegung des Feststoffes in einem Mischer durch eine gerichtete Kolbenströmung mit definierter Geschwindigkeit zusätzlich mit einem stochastischen Dispersionsvorgang überlagert.

$$\frac{\partial \phi(x,t)}{\partial t} = -\frac{\partial}{\partial x}\left(\phi(x,t) \cdot \mathrm{U}(x)\right) + \frac{\partial^2}{\partial x^2}\left(\phi(x,t) \cdot \mathrm{D}(x)\right) \ . \tag{3.8}$$

Der Term U in Gleichung (3.8) bezeichnet den konvektiven und D den dispersen Anteil. Betrachtet man nun den Feststoff als eine Vielzahl von einzelnen unabhängigen Partikeln und deren Bewegung innerhalb eines Zeitintervalls τ, so ist die Abweichung der Partikelverschiebung im Vergleich zu einem gerichteten Transport ein Maß für Dispersion. Jedes Partikel erfährt eine andere Verschiebung, woraus sich eine statistische Verteilung des von den Partikeln zurückgelegten Weges ergibt. Beispielsweise soll Abbildung 3-3 konvektive und konvektive-disperse Vorgänge schematisch anhand einer Rohrströmung veranschaulichen. Betrachtet man nun einen reinen konvektiven Transport $U \neq 0$ (Abbildung 3-3a), so existiert kein Gradient über den Rohrdurchmesser und damit auch keine Dispersion ($D = 0$). Abbildung 3-3b zeigt den kombinierten Vorgang von Transport und Dispersion. Handelt es sich dabei um eine zu gleichen Teilen entgegen gerichtete Strömung so hebt sich der Transportvorgang vollständig auf, jedoch ist aufgrund der Gradienten eine Dispersion zu erwarten. Für die korrespondierende Wahrscheinlichkeitsdichteverteilung der Verschiebung bzw. Geschwindigkeiten gilt somit $U = 0$, jedoch $D \neq 0$. Für die meisten Feststoffmischprozesse kann der Fall in Abbildung 3-3c angenommen werden. Hier treten konvektives ($U \neq 0$) als auch disperses ($D \neq 0$) Verhalten auf. Die Wahrscheinlichkeitsdichteverteilung zeigt deutlich eine Verschiebung mittels statistischer Verteilung auf.

Abbildung 3-3: Schematische Darstellung für den disperseren- und konvektiven Transport für reine Konvektion (a),

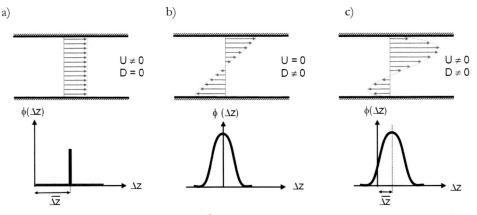

reiner Transport (b) Überlagerung beider Mechanismen (c).

In dieser Arbeit werden die Mischungsvorgänge in einem zylindrischen Mischer mit vertikaler Rotorachse untersucht. Daher liegt es nahe, sich auf ein Zylinderkoordinatensystem zu beziehen und im Fall von anisotropen Mischvorgängen diese für jede einzelne Raumrichtung getrennt zu betrachten. So liefert die absolute Verschiebung $\Delta\xi(t+\tau)$ aller betrachteten Partikel innerhalb des Zeitintervalls τ eine Verteilungsdichtefunktion Φ (Abbildung 3-4) (Kehlenbeck, 2007). Die Gleichung (3.8) erweitert sich nun wie folgt:

$$\frac{\partial \phi(\xi,t)}{\partial t} = -\frac{\partial}{\partial \xi}\big(\phi(\xi,t) \cdot U(\xi,t)\big) + \frac{\partial^2}{\partial x^2}\big(\phi(x,t) \cdot D(\xi,t)\big) \,, \qquad (3.9)$$

$$D(\xi,t) = \frac{\langle (\Delta\xi)^2 \rangle}{2\tau}\,, \qquad (3.10)$$

$$U(\xi,t) = \frac{\langle \Delta\xi \rangle}{\tau}\,. \qquad (3.11)$$

Der mittlere konvektive Transportkoeffizient $U(\xi,t)$ wird durch die mittlere zurückgelegte Wegstrecke $\langle\Delta\xi\rangle$ beschrieben. Hingegen bezeichnet die mittlere quadratische Abweichung $\langle(\Delta\xi)^2\rangle$ der Verteilungsfunktion die mittlere stochastische Streuung und daraus den mittleren Dispersionskoeffizient $D(\xi,t)$ im System. Abbildung 3-4 veranschaulicht exemplarisch diesen Ansatz für die einzelnen Raumrichtungen. Daraus ergeben sich jeweils getrennte Dispersions- und

Transportkoeffizienten aus der mittleren Verschiebung $\langle\Delta R\rangle$ in radialer, $\langle(R\Delta\varphi)\rangle$ in tangentialer und $\langle\Delta z\rangle$ in axialer Richtung.

a)   b)

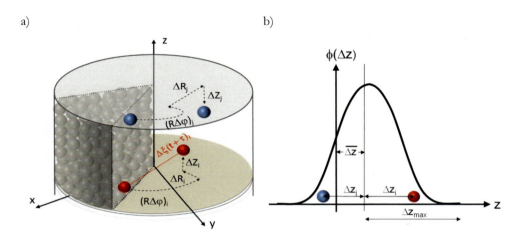

Abbildung 3-4: Partikelbewegung anhand des Konvektions- Dispersions-Model (a), Verteilungsdichtefunktion der Partikelverschiebung (b) (adaptiert Kehlenbeck, 2007).

Die maximale zurückgelegte Wegstrecke während dieses Zeitintervalls muss dabei im Vergleich zur Apparatedimension vernachlässigbar klein sein. Daher ist das betrachtete Zeitintervall τ entsprechend kurz zu wählen. Für die Bestimmung der Dispersions- und Transportkoeffizienten existieren eine Vielzahl von Methoden. In der Vergangenheit wurden diese mittels experimentellen Untersuchungen anhand der Betrachtung der Mischungszusammensetzung von Proben bestimmt (Dopfer, 2009; Daumann, 2010). Aufgrund steigender Rechnerleistung gewinnt die Betrachtung der Einzelpartikelbewegung mittels der Diskreten-Elemente Methode immer mehr an Bedeutung. Zum einem ist mit dieser Methode die Berücksichtigung jedes einzelnen Partikels im System und zum anderen die vollständige Berechnung der Bewegungstrajektorie numerisch möglich. Dies stellt einen wesentlichen Vorteil gegenüber experimentellen Methoden dar. Bisher haben unterschiedliche Forschungsgruppen anhand dieses Ansatzes das diskontinuierliche Mischungsverhalten in zylindrischen Vertikalmischern in Abhängigkeit der Prozessparameter (Remy et al., 2010; Remy et al., 2012; Schmelzle et al., 2015), in Trommelmischern (Third et al., 2010) oder den Einfluss von Füllgrad und Geometrie eines Tubularmischers (Marigo et al., 2012) untersucht.

Eine ausführliche Analyse der Partikelbewegung im Rotorgranulator wurde in dieser Arbeit mithilfe der Diskreten-Elemente-Methode für unterschiedliche Betriebsparameter, wie Rotordrehzahl und Fluidisationsgeschwindigkeit durchgeführt. Die daraus abgeleiteten Konvektions-Dispersions-Koeffizienten werden in Kapitel 6.3.2 im Detail näher diskutiert.

4 Experimenteller Aufbau

In diesem Kapitel sollen die in dieser Arbeit verwendeten Materialien sowie Versuchsanlagen vorgestellt und deren Funktionsweise näher erläutert werden. Dieser Abschnitt umfasst die Rotorgranulationsanlage, die bildanalytische Mischungsanalyse sowie die granulare Strömungsuntersuchung mittels des Messsystems zur Magnetischen-Partikel- Detektierung (MPT).

4.1 Rotorgranulator Versuchsanlage

Wie bereits im Kapitel 1 vorgestellt, wird in dieser Arbeit zur Mehrphasen-Strömungsuntersuchung ein transparenter Rotorgranulator (Rotor 300, Glatt GmbH) eingesetzt. Zur verbesserten Sichtbarkeit der granularen Strömung wurde ein in Bezug auf die geometrischen Abmessungen identischer Apparat aus Acrylglas aufgebaut. Abbildung 4-1 zeigt einen Vergleich zwischen dem Original Laboreinsatz Rotor 300 von Glatt und dem transparenten Apparat. Die beiden Ausführungen unterscheiden sich lediglich in ihrer Zu- und Abluftkonfiguration. Die Oberfläche der Rotorscheibe ist glatt und besitzt keine Struktur. In beiden Ausführungen wird die Rotorscheibe über einen drehzahlgesteuerten Servomotor angetrieben und kann über einen mechanischen Verstell-Mechanismus vertikal positioniert werden. Im Laufe der experimentellen Untersuchungen wurde die Anlage ständig erweitert. Zur weiteren Vermeidung von magnetischen Störungen auf das MPT-Messsystem wurde der Servomotor nach unten hin verlagert (siehe Abbildung 4-2).

Der zur Fluidisation benötigte Gasvolumenstrom wurde mittels Gebläse erzeugt. Dieses saugt die Prozessluft aus der Umgebung unterhalb der Rotorscheibe an, durch die Anlage hindurch und über ein Abluftsystem wieder in die Umgebung. Der Prozess wird somit im „Saugbetrieb" gefahren. Die gesamte Anlage wird über ein rechnergestütztes System gesteuert und sowohl der Prozessvolumenstrom als auch die Rotordrehzahl über dieses separat geregelt. Eine schematische Darstellung der Anlage ist in Abbildung 4-2b detailliert dargestellt. Für die Untersuchungen mittels MPT wurde die Anlage durch eine zusätzliche Halterung wie in Abbildung 5-2a dargestellt erweitert. Eine nähere Beschreibung des MPT-Messsystems erfolgt in Abschnitt 5.

a)

b)

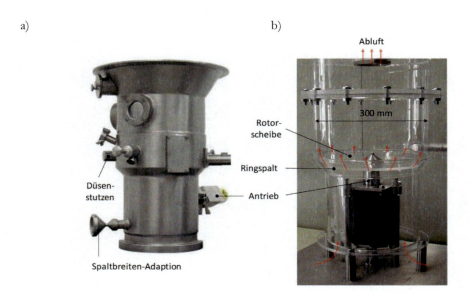

Abbildung 4-1: Glatt Rotor 300 ProCell Einsatz (a), transparente Versuchsanlage (b).

a)

b)

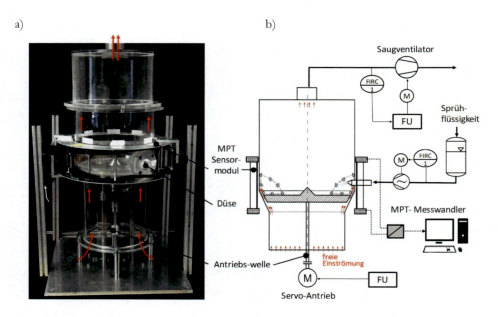

Abbildung 4-2: Aufbau des Messsystems zur Magnetischen-Partikeldetektierung mit Rotorgranulator (a), schematische Darstellung der gesamten Versuchsanlage (b).

4.2　Bildanalytische Mischungsanalyse

Für die experimentelle Analyse des Mischverhaltens im Rotorgranulator wurde eine Hochgeschwindigkeitskamera MotionPro Y4-S2 (Imaging Solution GmbH) verwendet. Zur optimalen Bildausleuchtung wurden Kaltlicht-Beleuchtungssysteme Dedocool (Imaging Solution GmbH) mit einer Lichtleistung von bis zu 2,3 Millionen Lux pro Einheit eingesetzt. Abbildung 4-3 zeigt eine schematische Darstellung der Konfiguration zur bildanalytischen Bestimmung der zeitlichen Mischgüte. Dabei wurden Aufnahmen aus zwei Perspektiven, der vollständigen Draufsicht und einer Teil-Seitenansicht während des Mischprozesses, aufgenommen. Die Kamera wurde so justiert, dass Objekt- und Bildebene parallel zueinander verlaufen. Damit sollten perspektivische Verzerrungen, welche bei der anschließenden Bildauswertung mögliche fehlerhafte Ergebnisse liefern, vermieden werden.

Die Hochgeschwindigkeitskamera nimmt Fotos in einem bestimmten Intervall auf. Dabei beschreibt jedes aufgenommene Bild den Mischungszustand im entsprechenden Mischungsvolumen zu einem bestimmten Zeitpunkt. Aufgrund der unterschiedlichen Intensität der einzelnen Partikelfraktionen (schwarz und weiß) werden die Bilder mit Hilfe einer in Matlab® entwickelten Bildverarbeitungssoftware analysiert und die zeitliche Mischgüte berechnet. Das System wurde nach jeder Veränderung der Bildausleuchtung oder Kamerapositionierung neu kalibriert. Eine schematische Darstellung des Messaufbaues ist in Abbildung 4-3 dargestellt.

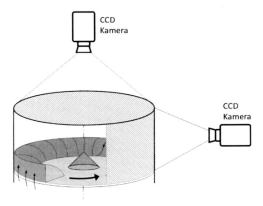

Abbildung 4-3: Aufbau des Messsystems zur bildanalytische Mischungsuntersuchung.

Der Mischungszustand wurde von der Hochgeschwindigkeitskamera in der jeweiligen Position mit einer Rate von 100 Bildern pro Sekunde aufgezeichnet und anschließend mit TIF-Format mit einer Auflösung von 820 x 820 Pixel als digitale Einzelbilder am Messrechner gespeichert. Der Start und das Ende der Aufzeichnung erfolgten durch einen automatischen Bewegungstrigger der Hochgeschwindigkeitskamera.

Die Bilder wurden aufgrund der hohen erforderlichen Rechnerleistung anschließend in einem gesonderten Schritt analysiert. Der Auswertealgorithmus ist in Abbildung 4-4 dargestellt. Dabei werden die gespeicherten Einzelbilder schrittweise in die Matlab® Auswertesoftware eingelesen und der für die Mischungsanalyse relevante Bereich ausgeschnitten. Im nächsten Schritt definiert der Algorithmus im aktiven Bildbereich sogenannte „virtuelle" Proben bzw. Bildausschnitte und zerlegt diese mittels der Schwellwertmethode in ein binäres Bild. Der Graustufenschwellwert bestimmt die Helligkeitsgrenze der beiden unterschiedlichen Partikel (schwarz/weiß) und separiert diese in den betrachteten Ausschnitten. Aufgrund von Reflexionen und Schattenbildung wurde der Schwellwert in Vorversuchen experimentell bestimmt. An schlecht beleuchteten Stellen, wie beispielsweise am Düsenstutzen, wurden keine Probenentnahmen durchgeführt, da diese das Messergebnis stark beeinträchtigt hätten. Dieser Ablauf wird für jeden Zeitschritt wiederholt. Mit Hilfe der über das gesamte Mischungsbett verteilten virtuellen Probenanalyse wurde die lokale Konzentration p bestimmt und gemäß Gleichung 3.7 und 3.8 der zeitliche Mischungsgüteverlauf berechnet. Es bleiben sowohl die Größe der Einzelproben als auch Anzahl über den gesamten betrachteten Zeitraum konstant. In Kapitel 6.3.3 werden Ergebnisse zur bildanalytischen Untersuchung aufgeführt.

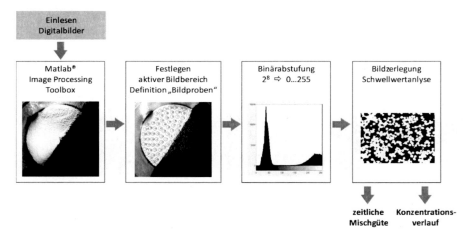

Abbildung 4-4: Algorithmus zur Bestimmung der Mischgüte mittels Bildauswertung.

5 Messsystem zur Magnetischen-Partikel-Detektierung

Im folgenden Abschnitt soll ein neuartiges nicht-invasives Messsystem zur kontinuierlichen und dreidimensionalen Verfolgung eines magnetischen Tracers näher erläutert werden. Dieses Messsystem wurde ursprünglich in der Medizintechnik verwendet, um die Retentionszeiten im menschlichen Körper zu bestimmen (Richert et al., 2006). Im Folgenden wird auf die theoretischen Grundlagen, Messaufbau und Validierung des MPT Messsystems eingegangen. Ein wesentlicher Faktor bei Messtechniken mittels Diskriminierung von Einzelpartikeln stellt die Präparation dieser Tracer dar. Hierfür wurden im Rahmen dieser Arbeit eigens Bettmaterial sowie Tracerpartikel hergestellt und charakterisiert (siehe Abschnitt 5.4).

5.1 Messprinzip und Aufbau

Das Messsystem zur Magnetischen Partikel-Detektierung (englisch: Magnetic-Particle-Tracking, MPT) beruht auf der kontinuierlichen Erfassung des emittierten dipolaren Magnetfeldes eines Permanentmagneten bzw. magnetischen Tracerpartikel. Dabei wird das „quasi" stationäre dipolare Magnetfeld von Anisotrop-Magneto-Resistiv (AMR) Sensoren, die einen zueinander festen und definierten Abstand besitzen, erfasst. Die grundlegenden makroskopischen Zusammenhänge zur Bestimmung eines Dipolmagnetfeldes liefern die Maxwell'schen Beziehungen aus Gleichungen (5.1)-(5.4). Dabei werden die magnetische Feldstärke $\mathbf{H}$, die elektrische Feldstärke $\mathbf{E}$, die Verschiebungsdichte $\mathbf{D}$, die magnetische Flussdichte $\mathbf{B}$, die Stromdichte $\mathbf{j}$ und die elektrische Ladungsdichte ρ_L in Beziehung gesetzt:

$$\nabla \times \mathbf{H} = \frac{\partial \mathbf{D}}{\partial t} + \mathbf{j} \ , \tag{5.1}$$

$$\nabla \times \mathbf{E} = -\frac{\partial \mathbf{B}}{\partial t} \ , \tag{5.2}$$

$$\nabla \cdot \mathbf{D} = \rho_L \ , \tag{5.3}$$

$$\nabla \cdot \mathbf{B} = 0 \ . \tag{5.4}$$

Das MPT-Verfahren verfolgt kontinuierlich über mehrere AMR-Sensoren, die in einem definierten Abstand zueinander stehen, neben der Partikelposition auch die Partikelausrichtung, wodurch die Partikelgeschwindigkeit und auch die Partikelrotation berechnet werden können.

Die magnetische Feldstärke **H** des dipolaren Tracers wird anhand der oben angegeben Maxwell'schen Gleichung als Funktion der Position **R**, der Ausrichtung **P** und des magnetischen Momentes μ_m des Tracers in kartesischen Koordinaten wie folgt abgeleitet:

$$\mathbf{H}(\mathbf{R},\mathbf{P},\mu_m) = \frac{1}{4\pi}\left(-\frac{\mu_m\,\mathbf{P}}{|\mathbf{r}_i-\mathbf{R}|^3} + \frac{3\mu_m(\mathbf{P}\cdot|\mathbf{r}_i-\mathbf{R}|)(\mathbf{r}_i-\mathbf{R})}{|\mathbf{r}_i-\mathbf{R}|^5}\right)\,. \qquad (5.5)$$

Hierbei wird der Orientierungsvektor **P** (Dipol-Achse) als Einheitsvektor in Kugelkoordinaten mit den Winkeln φ und Θ transformiert. Der Vektor **r**$_i$ beschreibt die feste Position eines AMR-Sensors i, der das emittierte Magnetfeld des Tracers aufnimmt. Somit definiert **r**$_i$ - **R** den Abstand zwischen Sensor und Tracerpartikel. In Abbildung 5-1 ist schematisch das Prinzip des Verfahrens zur Magnetischen Partikel-Detektierung dargestellt.

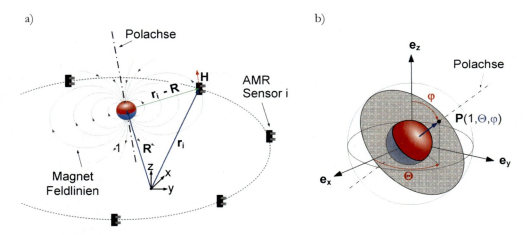

Abbildung 5-1: Schematische Darstellung der magnetischen Feldverteilung: Position (a) und Orientierung (b) eines dipolaren magnetischen Tracers.

Der magnetoresistive Effekt beschreibt die Änderung des elektrischen Widerstandes eines Materials durch ein äußeres Magnetfeld. Aufgrund dessen ergeben sich mehrere Freiheitsgrade (Position, Orientierung und Magnetisches Moment) bei der Detektion des Magneten. Die Berechnung dieser Größen erfolgt daher invers. Dieses inverse Problem wird über einen nicht-linearen Optimierungsalgorithmus nach Gleichung (5.6) gelöst. Dabei werden die gemessenen

Werte (Index M) mit den berechneten (Index S) Werten der Magnetfeldstärke verglichen. Die Fehlerquadrate zwischen diesen Größen aller Sensoren ergeben dann die Gesamt-Qualitätsfunktion Q, für die ein Minimum über die Variation der Freiheitsgrade gesucht wird:

$$Q = \sum_{i=1}^{36} \frac{\{\mathbf{H(R,P,}\mu_m)^M - \mathbf{H(R,P,}\mu_m)^S\}^2}{\Delta\mathbf{H}_i^2} \rightarrow \min .$$
(5.6)

ΔH^2_i entspricht der Streuung der einzelnen Sensorsignale. Da die Sensoren Magnetfelder geringer Feldstärken (< 40µT, Erdmagnetfeld) erfassen müssen, ist eine Vielzahl an AMR-Sensoren notwendig um den Einfluss von Interferenzen zu minimieren und die Messgenauigkeit sowie das Messvolumen zu erhöhen.

5.2   Ableitung physikalischer Größen

Aus den gemessenen Magnetfeldeigenschaften mittels MPT resultiert zu jedem Messzeitpunkt t_n ein Ortsvektor $\mathbf{R}$ als räumliche Position und der Einheitsvektor $\mathbf{P}$ als räumliche Ausrichtung eines Massenpunktes in kartesischen Koordinaten. Für die Berechnung der mittleren *translatorischen Geschwindigkeit* $\mathbf{u}$ wird die 6-Punkt-Methode (gewichteter gleitender Durchschnitt) nach Gleichung (5.7) angewendet. Diese berechnet sich als ein gewichteter Mittelwert aus dem Ortsvektor $\mathbf{R}$ des betrachteten Zeitpunktes und den Ortsvektoren der fünf vergangenen und zukünftigen Messpunkte. Entscheidend ist hierbei, dass die Messintervalle möglichst gering gehalten werden, um die zwischen den Partikeln entstehenden Kollisionen bzw. Ablenkungen und deren Auswirkungen zu minimieren:

$$\mathbf{u} = 0{,}1\,\frac{\mathbf{R}_{n+5} - \mathbf{R}_n}{t_{n+5} - t_n} + 0{,}15\,\frac{\mathbf{R}_{n+4} - \mathbf{R}_{n-1}}{t_{n+4} - t_{n-1}} + 0{,}25\,\frac{\mathbf{R}_{n+3} - \mathbf{R}_{n-2}}{t_{n+3} - t_{n-2}}$$
$$+ 0{,}25\,\frac{\mathbf{R}_{n+2} - \mathbf{R}_{n-3}}{t_{n+2} - t_{n-3}} + 0{,}15\,\frac{\mathbf{R}_{n+1} - \mathbf{R}_{n-4}}{t_{n+1} - t_{n-4}} + 0{,}1\,\frac{\mathbf{R}_n - \mathbf{R}_{n-5}}{t_n - t_{n-5}} .$$
(5.7)

Eine weitere Zielgröße ist die mittlere *rotatorische Geschwindigkeit* ω. Diese beschreibt die Eigenrotation des magnetischen Tracerpartikels und bestimmt sich aus dem Eigenvektor $\mathbf{P}$, welcher die momentane Orientierung der magnetischen Polachse bezeichnet. Ist der Rotationswinkel ϕ_p zwischen den beiden Einheitsvektoren $\mathbf{P}_n$ und $\mathbf{P}_{n+1}$ und das korrespondierende

Messintervall bekannt, so kann daraus die Rotationsgeschwindigkeit ω des Partikels nach Gleichung (5.8)und (5.9) abgeleitet werden.

$$\phi_p = \cos^{-1}\left(\frac{P_n \cdot P_{n+1}}{|\boldsymbol{P}_n| \cdot |\boldsymbol{P}_{n+1}|}\right) , \tag{5.8}$$

$$\omega = \frac{\phi_p}{t_{n+1} - t_n} . \tag{5.9}$$

Aus diesen abgeleiteten physikalischen Größen für Massenpunkte lassen sich Kenngrößen wie die translatorische kinetische Energie E_{kin}

$$E_{kin} = \frac{1}{2} \, m_{Tracer} \cdot u \tag{5.10}$$

und die Rotationsenergie E_{rot}

$$E_{rot} = \frac{1}{2} \, I_{Tracer} \cdot \omega^2 \tag{5.11}$$

bei bekannter mittleren Masse m_{Tracer} und dem Trägheitsmoment I_{Tracer} des Tracerpartikels berechnen. Eine ausführliche Beschreibung des Partikelträgheitsmomentes wird in Abschnitt 5.4 aufgeführt.

5.3   Messapparatur

Abbildung 5-2 zeigt die Messapparatur des MPT-Messsystems. Diese besteht aus 12 Sensormodulen mit jeweils 3 Anisotrop-Magneto-Resistiv-Sensoren (AMR-Sensoren) für die einzelnen Koordinaten x, y, und z. Somit besteht das System in Summe aus 36 Einzelsensoren, welche auf einem nicht magnetischen Aluminiumrahmen fixiert sind. Die Signale werden einzeln an eine Auswerteeinheit übertragen und über eine USB Schnittstelle in Echtzeit am Messrechner mit einer Frequenz von 200 Hz mittels der Software MagCalc (Matesy GmbH) aufgezeichnet. Die gesamte Messapparatur ist dabei unabhängig vom zu untersuchenden Prozess und kann daher auch beliebig räumlich bewegt bzw. orientiert werden. Um eine optimale Ausnutzung des Messraumes zu gewährleisten wurden die Abmessungen und Positionierung der Sensoreinheit auf den zu untersuchenden Rotorgranulator angepasst. Dabei befinden sich die beiden Sensorebenen außerhalb der Prozesskammer und zwischen Partikelbett und Rotorscheibe. Als aktives Messvolumen wurde ein virtueller Zylinder mit den Abmessungen 300 mm im Durchmesser und 150 mm in der Höhe als physikalische Grenze festgelegt.

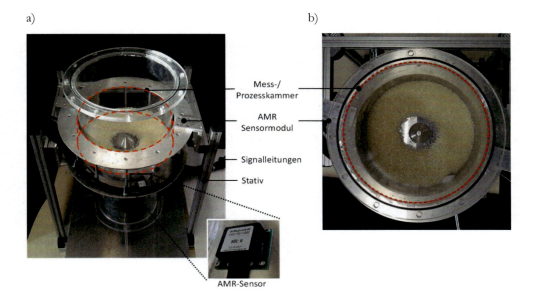

Abbildung 5-2: Aufbau des Messsystems zur Magnetischen-Partikeldetektierung: Gesamtansicht (a), Draufsicht (b).

Die zeitliche Darstellung der Tracerpositionen und die Berechnung der daraus abgeleiteten physikalischen Größen erfolgen mittels eines in Matlab® programmierten Algorithmus. Eine ausführliche Darstellung der Ergebnisse und der statistischen Untersuchung wird in Abschnitt 6.2 gegeben.

5.4 Magnetische Tracer

Die Messmethode zur Magnetischen-Partikeldetektierung (MPT) wird zur Erfassung von Partikelbewegung in dichten Gas- Feststoff-Phasen eingesetzt. Es bietet anders als bisherige Messtechniken für die Einzelpartikelverfolgung neben der Trajektorienerfassung erstmals die Möglichkeit, die Partikelrotation des Markers aufzunehmen. Das Messverfahren ist allerdings durch die Detektierbarkeit des Magnetfeldes des Tracerpartikels eingeschränkt. Im Allgemeinen ist die Signalqualität von zwei wesentlichen Faktoren abhängig: a) von einem möglichst geringen Abstand zwischen dem Magneten und Sensoren und b) von einem hohen magnetischen Moment der Tracerpartikel. Generell hängt das magnetische Moment von der Art des magnetischen Werkstoffes und dessen Volumen ab. Im folgenden Abschnitt wird die Herstellung und Analyse der verwendeten Modellpartikel sowie der magnetischen Tracer beschrieben.

5.4.1 Magnetische Werkstoffe

Grundsätzlich lassen sich die magnetischen Werkstoffe in weichmagnetische und hartmagnetische Materialgruppen einteilen. Ein übliches Kriterium dafür ist die Koerzitivfeldstärke H_c. Diese bezeichnet jene Feldstärke, die bei der „Aufmagnetisierung" durch zurückgebliebene Induktion (Polarisation) wieder verschwindet.

*Weichmagnetischen Werkstoff*e sind gekennzeichnet durch ihre leichte Magnetisierbarkeit und damit niedrige Koerzitivfeldstärken. Dies bedeutet, dass schon sehr geringe äußere Magnetfelder, wie beispielsweise das Erdmagnetfeld die Elementarteilchenausrichtung verändern. Dazu zählen Legierungen auf Eisen-, Nickel- oder Cobalt-Basis oder auch Stähle mit niedrigem Kohlenstoffanteil.

Als *Hartmagnetische Werkstoffe* (Dauermagnete) werden Werkstoffe bezeichnet, bei denen nach Einwirkung eines starken Magnetfelds ein hoher Anteil von Magnetismus verbleibt. Diese besitzen im Vergleich zu den Weichmagnetischen Werkstoffen eine sehr viel höhere Koerzitivfeldstärke und setzen äußeren Magnetfeldern dementsprechend einen hohen Widerstand entgegen. Eine Entmagnetisierung trotz starker äußerer Magnetfelder wird nicht erreicht. Abbildung 5-3 zeigt eine Einteilung der magnetischen Werkstoffe in Abhängigkeit der Koerzitivfeldstärke und magnetischen Remanenz.

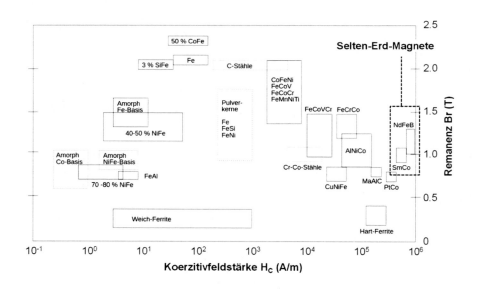

Abbildung 5-3: Übersicht magnetischer Werkstoffe.

Die magnetischen Werkstoffe, welche im Bereich der MPT Messtechnik eingesetzt werden sollen, müssen dabei eine hohe Koerzitivfeldstärke bzw. hohe magnetische Remanenz-Flussdichte B_r aufweisen. Anhand dieser Auswahlkriterien eignen sich vor allem die sogenannten „Seltenerdmagnete" aus der Gruppe der Permanentmagneten. Selten-Erden-Magneten sind die stärkste Art von Permanentmagneten, wodurch deutlich stärkere Magnetfelder emittiert werden. Dazu gehören Legierungen auf Basis der Elemente Neodym (Nd), Samarium (Sm) und Praseodymium (Pr). In Tabelle 5-1 sind die physikalischen Eigenschaften für die kommerziell am häufigsten eingesetzten Selten-Erden-Magneten dargestellt.

Tabelle 5-1: Übersicht der physikalischen Eigenschaften von magnetischen Werkstoffen (IBS Magnet, 2015).

Werkstoff	Remanenz-flussdichte	Koerzitiv-feldstärke	Energiedichte	Curie-Temperatur
	B_r (T)	H_{ci} (kA/m)	$(BH)_{max}$ (kJ/m³)	T_c (°C)
Neodym-Eisen-Bohr $Nd_2Fe_{14}B$ (gesintert)	1.0 – 1.4	750 – 2000	200 - 400	310 - 400
Samarium-Cobalt $SmCo_5$ (gesintert)	0.8 – 1.1	600 - 2000	120 – 200	720
Aluminium-Nickel-Kobalt $AlNiCo$ (gesintert)	0.6 – 1.4	275	10 – 88	700 - 860
Strontium-Ferrite Sr	0.2 – 0.4	100 – 300	10 – 40	450

Ausgehend von der Magnetischen-Partikel-Detektierung, bieten NdFeB-Magnete aufgrund ihrer hohen magnetischen volumenbezogenen Energiedichte mit bis zu 400 kJ/m³ den bestmöglichen Einsatz. Zudem sind die Magnete kommerziell günstig sowie in unterschiedlichen Formen und Größen in großen Mengen verfügbar. Nachteilig ist jedoch die höhere Korrosionsanfälligkeit von NdFeB. Daher werden diese mit einem Oberflächenschutz, meist aus Nickel bestehend überzogen.

Für den Einsatz mittels MPT spielt die Form der magnetischen Partikel eine untergeordnete Rolle. Das Messsystem kann sowohl kugelförmige, als auch magnetische zylindrische Tracer-Partikel detektieren. Abbildung 5-4 zeigt exemplarisch eine Simulation eines emittierten Dipol-Magnetfeldes mittels der Magnetisch-Finite-Elemente-Methode (FEMM 4.2, Magnetics) von zwei unterschiedlich geformten, jedoch in ihrem Volumen und magnetischen Moment identischen

NdFeB-Magneten. Dabei handelt es sich um einen kugel- sowie zylindrisch geformten Körper mit einem äquivalenten Volumen von 18 mm³ und einer Koerzitivfeldstärke von 800 kA/m. Hier ist deutlich zu erkennen, dass die Feldlinien als auch Intensitäten der beiden magnetischen Tracer nahezu identisch verlaufen. Lediglich bei zylindrischen Magneten ist an den Polflächen eine höhere Flussdichte zu sehen.

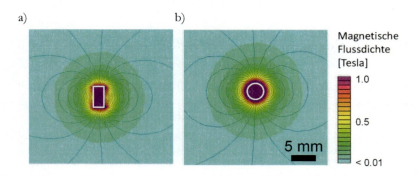

Abbildung 5-4: Simulation der magnetischen Feldverteilung für zylindrischen (a) und kugelförmigen (b) NdFeB Magneten.

Eine ausführliche Validierung des MPT-Messsystems für unterschiedlich geformten Magneten und Feldstärken wird in Kapitel 5.5 näher erläutert.

5.4.2 Herstellung magnetischer Tracerpartikel

Zur Untersuchung der Partikelströmung im Rotorgranulator mittels des MPT-Messsystems werden Tracer mit starken Magnetfeldern bei kleinem Volumen benötigt. Bei diesen Untersuchungen werden ausschließlich kugelförmige Partikel verwendet. Grundsätzlich weisen magnetische Werkstoffe eine sehr hohe Materialdichte im Bereich von ca. 7 g/cm³ auf. Jedoch fallen die Partikeldichten der in Wirbelschichten oder Granulatoren eingesetzten Produkte in der Regel wesentlich geringer aus. Daher sollte die Dichte der eingesetzten Modellpartikel in diesem Bereich liegen. Unterscheiden sich die Partikelcharakteristiken des einzelnen magnetischen Tracers wie Abmessung, Rotationsverhalten oder Dichte, zu sehr von denen der Bettpartikel, so sind die gemessenen Partikelbewegungen nicht repräsentativ für das gesamte Bewegungsverhalten der nicht markierten Bettpartikel. Somit besteht ein hoher Anspruch hinsichtlich der physikalischen Eigenschaften bei der Herstellung bzw. der Auswahl der Tracerpartikel. Um diese Eigenschaften des Tracers und der Bettpartikel einander anzugleichen sowie die Gesamtdichte zu reduzieren, werden in dieser Arbeit Partikelkerne mit einem Polymer geringerer Dichte beschichtet. Es sei darauf hingewiesen, dass sowohl Tracer als auch Bettpartikel Kerne mit höherer Dichte enthalten. Auf diese Weise wird der Dichteunterschied zwischen dem magnetischen und den übrigen Partikeln der Schichtmasse möglichst gering gehalten. Es handelt sich somit um „Multi-Layer" Partikel.

Ausgehend von kugelförmigen Primärpartikeln (Kerne) werden diese kontinuierlich mit einer Polymerlösung in einer Wirbelschicht beschichtet. Es entsteht während des Partikelwachstums eine Schale aus Polyvinylbutyral (PVB), welche die mittlere Gesamtdichte des Partikels aufgrund der niedrigeren Dichte des Polymers verringert. Auswahlwahlkriterien für das Polymer sind Wasserunlöslichkeit sowie die Löslichkeit in leichtflüchtigen, organischen Lösungsmitteln. Abbildung 5-5 zeigt eine schematische Darstellung des Beschichtungsprozesses. Mittels des Schalen-Kern-Komposit-Ansatzes lassen sich beliebige Partikeldichten und –größen herstellen.

Dies setzt voraus, dass das Volumen und damit das magnetische Moment des Tracer-Kerns ausreichend hoch ist und eine ausreichende Signalqualität liefert.

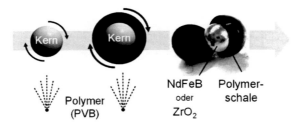

Abbildung 5-5: Beschichtungsprozess der Bett- und Tracerpartikel.

In dieser Arbeit werden Partikel mit einem finalen Durchmesser von 4.2 mm hergestellt. Als Kerne der magnetischen Tracer werden NdFeB-Kugelmagnete (N45, $\mu_m = 0.014\,\mathrm{Am^2}$) mit einem Durchmesser von 3 mm eingesetzt. Daraus ergibt sich ein magnetischer Volumenanteil von 36 %. Als Kernmaterial der nicht-magnetischen Bettpartikel werden Zirconium-Dioxid-Kugeln (ZrO_2) ebenfalls mit einem Durchmesser von 3 mm eingesetzt. ZrO_2 erfüllt folgende Voraussetzungen für ein geeignetes Kernmaterial:

- Das Material darf aufgrund des Messprinzips nicht ferromagnetisch sein.

- Die Dichte des Kernmaterials soll sich der von NdFeB nicht oder nur gering unterscheiden.

- Die Abriebfestigkeit des aufgetragenen Materials soll aufgrund der Stoßbeanspruchung während der Beschichtung möglichst hoch sein.

Um sicherzustellen, dass Tracer- und Bettpartikel Polymerschalen ähnliche Oberflächenstrukturen und Schichtdicken erhalten, wurden diese mittels der Polymerbeschichtungen in einer Wirbelschicht im selben Batchprozess hergestellt. Durch diese Beschichtungen mit dem gleichen Polymer erhalten Marker- und Bettpartikel, die ohne Beschichtung unterschiedliche Oberflächeneigenschaften aufweisen würden, die gleichen Reibungs- und Benetzungseigenschaften.

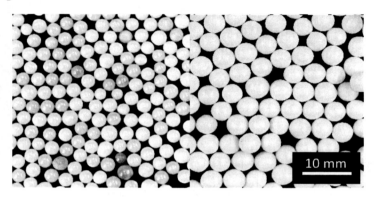

Abbildung 5-6: ZrO$_2$-Kernpartikel (links), beschichtete Bettpartikel (rechts).

Partikelcharakterisierung

Um eventuelle systematische Fehler bei den Strömungsuntersuchungen mittels des MPT besser abschätzen zu können, werden im Vorfeld die physikalischen Eigenschaften der Bett- und Tracerpartikel untersucht und miteinander verglichen. Dabei wird lediglich auf makroskopische Größen wie Dichte, Sphärizität, Trägheitsmoment und Stoßverhalten der Einzelpartikeln, eingegangen. In Tabelle 5-2 sind die physikalischen Eigenschaften der Modell-, Tracer- sowie Kernpartikel zusammengefasst. Die Partikelgröße und Sphärizität wurden mittels des Bildanalysegerätes Camsizer XT (Retsch Technology GmbH) gemessen. Bei den angegebenen Größen zur Dichte handelt es sich um die geometrische Dichte. Die Analyse des Trägheitsmomentes I erfolgt theoretisch und berechnet sich aus dem Volumenintegral der Komposit-Kugel. Aufgrund der Rotationssymmetrie ergeben sich folgende Ansätze:

$$I = \frac{1}{3}\left(I_x + I_y + I_z\right) \, , \qquad\qquad (5.12)$$

$$I_{beschichtet} = \frac{2}{3}\rho_{Kern} \int_0^\pi \int_0^{2\pi} \int_0^{R_1} r^4 \sin\theta \, dr \, d\varphi \, d\theta$$
$$+ \frac{2}{3}\rho_{Schale} \int_0^\pi \int_0^{2\pi} \int_{R_1}^{R_2} r^4 \sin\theta \, dr \, d\varphi \, d\theta \, . \qquad (5.13)$$

Als charakterisierende Größe des Stoßverhaltens der Partikel wird der Restitutionskoeffizient (Antonyuk et al., 2010, Mangwandi et al., 2007) herangezogen. Stoßvorgänge zwischen zwei Körpern oder mit einer Wand lassen sich grundsätzlich in zwei Abschnitte einteilen. Im ersten Abschnitt findet eine Kompression und im zweiten Abschnitt die Ablösephase, bei der sich die Kontaktpartner entlasten, statt. Ein Teil der kinetische Energie dissipiert (E_{diss}) dabei infolge der Verformung wie auch der Reibung zwischen den Stoßpartnern. Die sogenannte normale Stoßzahl bzw. der normale Restitutionskoeffizient e_n in Gleichung 5.14 beschreibt die Wurzel aus dem Verhältnis der kinetischen Energien vor ($E_{kin,1}$) und nach ($E_{kin,2}$) dem Stoß. So bezeichnet $e_n = 0$ den ideal plastischen und $e_n = 1$ den ideal elastischen Fall. Bei realen Stößen liegt diese im Bereich $0 < e_n < 1$, was einer Kombination von elastisch-plastischen Verhalten entspricht. Nach der Gesetzmäßigkeit des freien Falls lassen sich Restitutionskoeffizienten anhand der Geschwindigkeiten vor (u_1) und nach (u_2) dem Stoß bestimmen.

$$e_n = \sqrt{1 - \frac{E_{diss}}{E_{kin,1}}} = \sqrt{\frac{E_{kin,2}}{E_{kin,1}}} = \left|\frac{u_2}{u_1}\right| \qquad (5.14)$$

Die experimentelle Bestimmung des normalen Restitutionskoeffizienten wurde mittels einer Freifallapparatur (siehe Abbildung 5-7) durchgeführt (Antonyuk, 2006), (Sommerfeld und Huber, 1999), (Crüger et al., 2016). Dabei wird ein einzelnes Partikel mit Hilfe einer Vakuumpinzette aus einer definierten Höhe fallen gelassen. Der Aufprall wurde mittels einer Hochgeschwindigkeitskamera (Y-4, Imaging Solutions) mit einer Bildrate von 8000 Bildern pro Sekunde aufgenommen. Zur Bestimmung der Auf- und Rückprallgeschwindigkeiten anhand der Einzelbildaufnahmen wurde ein Bildanalysealgorithmus (Matlab®) verwendet.

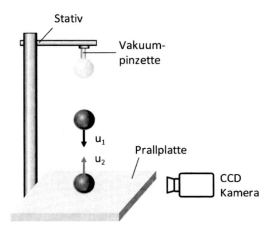

Abbildung 5-7: Schematische Darstellung der Fallapparatur zur Bestimmung des Restitutionskoeffizienten.

Alle experimentellen Untersuchungen sowie die Beschichtung werden mit entmagnetisierten Tracern durchgeführt um magnetische Effekte sowie Einfluss des Erdmagnetfeldes auszuschließen.

Tabelle 5-2: Zusammenfassung der physikalischen Eigenschaften der Modellpartikel.

Material	Mittlerer Durchmesser	Sphärizität	Gesamt-dichte	Restitutions-koeffizient	Trägheits-moment
	mm	-	g/cm^3	-	g mm^2
Kern-Partikel					
Zirkoniumdioxid (ZrO$_2$)	3.0	0.99	6.1	N/A	0.071
Neodym-Eisen-Bor (NdFeB)	3.0	0.99	7.2	N/A	0.091
Modell-/Tracerpartikel					
Bett (ZrO$_2$/PVB)	4.2	0.99	2.8	0.73	0.131
Tracer (NdFeB/PVB)	4.2	0.99	3.1	0.78	0.157

Die Partikelcharakterisierung zeigt, dass durch die Beschichtung des ZrO_2 und der NdFeB-Kerne die untersuchten physikalischen Eigenschaften angenähert werden können. Eine deutliche Reduktion der Tracer-Dichte um 57 % gegenüber einer reinen NdFeB-Magnetkugel ist somit möglich. Der Unterschied zwischen Bett- und Tracermaterial bezogen auf Dichte und Restitutionskoeffizient beträgt weniger als 10 %. Durch die Anpassung der Partikelcharakteristiken kann das Strömungsverhalten der Bettpartikel durch den Tracer wesentlich besser repräsentiert werden als bei der Verwendung von Nicht-Komposit-Materialien.

5.5 Validierung der Messgenauigkeit und Auflösung

In diesem Abschnitt werden die Ergebnisse aus den Untersuchungen zur Messgenauigkeit des MPT-Messsystems vorgestellt. Diese Analysen dienen zur Abschätzung von Messfehlern und zur Validierung der Positionsauflösung. Im ersten Schritt wird der zur Verfügung stehende zylindrische Messraum innerhalb des Sensorrasters in seinen maximalen Ausdehnungen begrenzt. Dies bedeutet, Messwerte außerhalb des physikalisch möglichen Messbereiches werden als fehlerhafte Detektierung und in die Gesamtbetrachtung nicht weiter berücksichtigt. Für das dreidimensionale MPT-Koordinatensystem gilt: $\sqrt{x^2+y^2} \leq 0.15\,\text{m}$ sowie $-0.075\,\text{m} \leq z \leq 0.075\,\text{m}$. Mit den unterschiedlichen Tracer-Magneten, welche sich in Form sowie magnetischen Moment unterscheiden (Tabelle **5-3**), wurden statische und dynamische Positionsbestimmungen untersucht.

Tabelle 5-3: Eigenschaften der Testmagneten.

Abkürzung	Form	Werkstoff	Abmessung	Magnetisches Moment
-	-	-	mm	Am^2
M-Z1	Zylinder	NdFeB (N45)	Ø3 x 1.5 mm	0.010
M-K1	Kugel	NdFeB (N45)	Ø 3 mm	0.014
M-Z2	Zylinder	NdFeB (N45)	Ø4 x 12 mm	0.140

5.5.1   Statische Positionsdetektion

Für die statischen Messungen wurde eine Lochplatte aus Kunststoff verwendet, welche vertikal in der Mitte des Messsystems platziert wurde. Der Versuchsaufbau im MPT-Messraum ist in Abbildung 5-8 dargestellt. Die Lochplatte enthält in definierten Abständen Bohrungen in denen der Magnet eingesetzt und anschließend dessen Position für 5 Sekunden bei einer Messfrequenz von 200 Hz mittels dem MPT aufgenommen wird. Während der Messung befand sich der Magnet in Ruheposition. Die Ausrichtung der Lochplatte wurde für die verschiedenen Messreihen variiert, indem sie um jeweils 45° um die vertikale Rotorachse gedreht wurde. Das Messsystem wurde nach jeder Positionsänderung der Lochplatte und des Magnettyps neu kalibriert, um den Einfluss von äußeren Störungen zu minimieren.

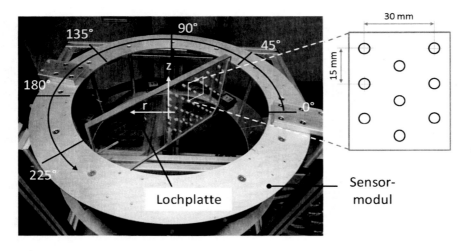

Abbildung 5-8: Statische Positionsbestimmung: Anordnung der Lochplatte innerhalb des Messraumes.

Die daraus resultierenden Abweichungen zwischen den gemessenen und den realen Positionen sind in Abhängigkeit des Abstandes (Radius) zum Sensorraster und z-Position der Testmagneten für alle Plattenpositionen gemittelt in Abbildung 5-9 dargestellt. Es ist deutlich zu erkennen, dass niedrige magnetische Momente, wie erwartet, zu höheren Messabweichungen führen. Jedoch liegen die absoluten Werte deutlich kleiner 5 mm, was einem 1-2 Partikeldurchmesser entspricht. Des Weiteren verringert sich der Messfehler mit kürzerem Abstand zum Sensorraster signifikant und liegt im äußeren Bereich unter 2 mm. Die geringste Messabweichung ist wie erwartet beim zylindrischen Magneten mit dem höchsten Volumen und höchsten magnetischen Moment zu erkennen. Betrachtet man nun die Messabweichungen in Abhängigkeit der z-Position (Höhe), so wird deutlich, dass sich das Optimum im Koordinatenursprung befindet. Hier ist der Abstand zu allen Sensoren am geringsten und die Überlappung der einzelnen AMR-Sensorbereiche am größten.

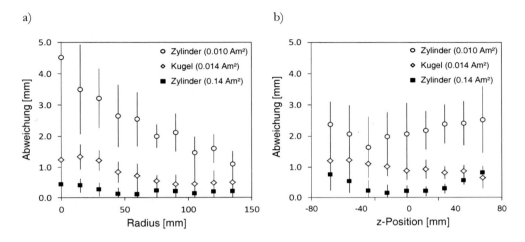

Abbildung 5-9: Messergebnisse der statischen Positionsbestimmung.

Anhand der berechneten mittleren Abweichungen und deren Standardabweichung soll anhand der Normalverteilungen für ausgewählte Messungen noch einmal verdeutlicht werden, dass ein geringes magnetisches Moment und ein größerer Abstand zu den Sensoren zu einer unsichereren Messung führen. Die Streuung der gemessenen Positionen ist exemplarisch für alle untersuchten Magnettypen in Abbildung 5-10a für den größten und in Abbildung 5-10b für den niedrigsten Abstand zwischen Sensor und Magnet dargestellt. Die Platte befindet sich in beiden Fällen in der tangentialen 0°-Position. Die Verteilungen bestätigen, dass der Abstand zu den Sensoren sowie das magnetische Moment signifikant für die Genauigkeit des Messsystems sind. Die Streuung der Messwerte durch äußere Störfelder ist geringer als durch die Vergrößerung der Abstände zu den einzelnen Sensoren. Die statischen Untersuchungen zeigen, dass die Anordnung der AMR-Sensoren und der gewählte Tracer Typ für die in dieser Arbeit vorgestellten Untersuchungen im Rotorgranulator geeignet sind. Der durchschnittliche statische Fehler für den betrachteten Messraum (Ø 0.3 x 0.15 m) beträgt weniger als 5 %.

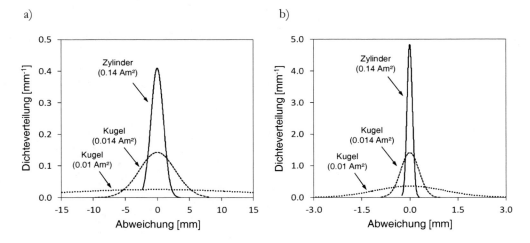

Abbildung 5-10: Vergleich der Verteilungsdichte der gemessenen Position mit dem größten (a) und dem geringsten (b) Abstand zwischen Sensor und Magneten.

5.5.2 Dynamische Positionsdetektion

Für die dynamischen Messungen wurden wiederum unterschiedliche Magneten (siehe Tabelle **5-3**) in eine translatorische Kreisbahnbewegung sowie in eine Punktrotation versetzt. Eine schematische Darstellung des Messaufbaus ist in Abbildung 5-11 dargestellt. Für eine translatorische Untersuchung der Messgenauigkeit (Abbildung 5-11a) wurden die Magneten auf einer rotierende Scheibe, vertikal mittig (z = 0) an definierten Radien (30, 60, 90, 120 mm) positioniert und mit unterschiedlichen Drehzahlen (55 und 150 Upm) in Bewegung versetzt. Anschließend wurden die gemessenen Positionen und die daraus resultierenden translatorischen Geschwindigkeiten mit den vorgegebenen Geschwindigkeiten verglichen. Bei konstanter Drehzahl und unterschiedlichen Radien ergibt sich ein linearer Zusammenhang. Die Ergebnisse zur translatorischen Untersuchung sind in Abbildung 5-12a in Abhängigkeit des Radius dargestellt.

a)   b)

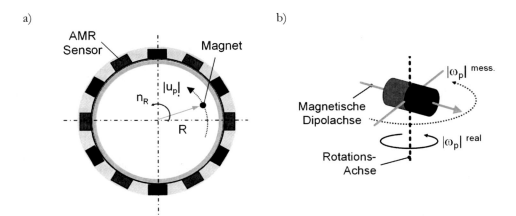

Abbildung 5-11: Darstellung der translatorischen (a), und rotatorischen (b) Definition der Magnetischen-
Partikeldetektierung.

Die gemessenen translatorischen Geschwindigkeiten weisen für den Magneten M-Z1 insgesamt eine große Abweichung zu den theoretischen Bahngeschwindigkeiten auf. Die Messfehler liegen für geringe Radien weit über 60 %. Dies gibt eine eindeutige Aussage über die Anwendbarkeit von Magneten mit einem magnetischen Moment kleiner 0.01 Am². Im Gegensatz dazu zeigen die getesteten Tracer-Magneten M-K1 und M-Z2 sehr gute Übereinstimmung der gemessenen und tatsächlichen translatorischen Bahngeschwindigkeit. Für die beiden unterschiedlichen Scheibendrehgeschwindigkeiten sowie Bahnradien ergeben sich Messfehler kleiner 15 %. Die Messfehler bleiben wieder erwarten über den gesamten Radius annähernd konstant. Aufgrund der im Außenbereich positionierten AMR-Sensoren steigen trotz höherer Bahngeschwindigkeit die Genauigkeit des Messsystems an und damit auch die Genauigkeit der gemessenen translatorischen Geschwindigkeit. Diese gilt für beide vorgegebenen Drehzahlen.

Im weiteren Schritt wurde die Messgenauigkeit in Bezug auf die rotatorische Geschwindigkeit der Magnetpartikel analysiert. Dazu wurde, wie in Abbildung 5-11b schematisch dargestellt, der Magnet innerhalb des MPT Messraumes in eine gelagerte Rotationsachse aus nicht magnetischem Werkstoff fixiert und einer definierten Winkelgeschwindigkeit (15, 33, 54, 76, 116, 170 Upm) ausgesetzt. Dabei handelt es sich um eine Punktrotation, d.h. eine translatorische Bewegung findet nicht statt. Die vertikale Rotationsachse ist fest an der Position (x = 120, y = 0, z = 0 mm) im Messraum fixiert.

Die Ergebnisse der Analyse zur rotatorischen Geschwindigkeit in Abbildung 5-12b zeigen für die Tracer-Magnete M-K1 und M-K2 reproduzierbare Ergebnisse. So sind, wie schon bei den translatorischen Geschwindigkeitsanalysen die Messfehler kleiner 15 % unabhängig von der vorgegebenen Rotationsgeschwindigkeit. Mit steigender Rotationsgeschwindigkeit verringert sich der Messfehler. Dies kann durch die geringere Auflösung der Messpunkte bei hohen Geschwindigkeiten begründet sein. Wie erwartet liefert der Magnet M-Z1 weitaus höhere Messabweichungen. Hierbei haben äußere Störquellen aufgrund des niedrigen magnetischen Momentes des Magneten und trotz vorangegangener Kalibrierung einen erheblichen Einfluss auf das Messergebnis.

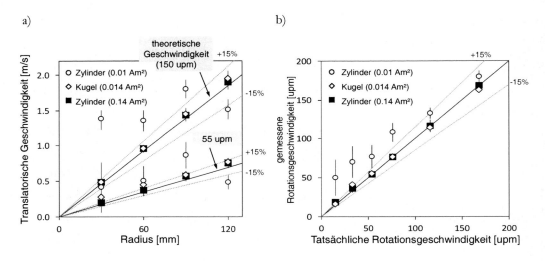

Abbildung 5-12: Messergebnisse der dynamischen Positionsbestimmung.

Der getestete Kugelmagnet M-K1 hat die gleiche magnetischen Eigenschaften wie der in Kapitel 5.4 beschriebene Komposit-Tracerpartikel und zeigt anhand der statischen und dynamischen Analysen eine ausreichende Messgenauigkeit. In den folgenden Untersuchungen zur magnetischen Partikel-Detektierung im Rotorgranulator wird dieser als Tracer-Magnet eingesetzt. Es sei angemerkt, dass sich das Partikelbett im Rotorgranulator und dementsprechend der relevante Messraum in der Nähe zu Apparatewand bzw. Sensormatrix befindet. Damit ist eine ausreichende Auflösung und Messgenauigkeit für diesen Bereich gewährleistet.

6 Ergebnisse und Diskussion

6.1 Numerische Untersuchung der granularen Strömung im Rotorgranulator

6.1.1 Simulationsbedingungen und Parameter

In diesem Abschnitt werden die in Kapitel 2 vorgestellten Simulationsmethoden und Ergebnisse zur Untersuchung der granularen Strömungen im Rotorgranulator dargestellt. Die Beschreibung der komplexen Gas-Feststoff-Strömung erfolgt anhand den kommerziellen Simulationssoftwarepaketen EDEM 2.4 (DEM Solutions Ltd.) zur Beschreibung der Feststoffphase und Fluent 12.0 (ANSYS Inc.) zur Simulation der Gasphase. Die beiden 3D-Simulationsmodelle wurden mittels dem „EDEM Coupling Interface" (DEM Solutions Ltd.) miteinander gekoppelt. Eine detaillierte Beschreibung des Berechnungsalgorithmus ist in Abschnitt 2.2 dargestellt.

Die Geometrie des Glatt Rotor 300 (Abbildung 4-1) wurde von der Firma Glatt Ingenieurtechnik GmbH (Weimar, Deutschland) zur Verfügung gestellt und für das dreidimensionale Simulationsmodell vereinfacht. Dieses besteht aus den zylindrischen Gaseinlaufstutzen, der Prozesskammer, den rotierenden Bodenscheiben und zusätzlich zur verbesserten Auflösung des Fluidverhaltens aus der Beruhigungszone im oberen Bereich (Abbildung 6-1a). Die korrespondierenden dreidimensionalen CFD-Berechnungsgitter wurden mit der Netzgeneratorsoftware GAMBIT (Fluent, ANSYS Inc.) erstellt und bestehen aus 56.000 tetraedrischen Einzelzellen (Abbildung 6-1b).

Im gekoppelten CFD-DEM Simulationsmodell wird die Gasphase als Umgebungsluft bei Standardbedingungen als Referenz angenommen. Für die Feststoffphase (Feststoffpartikel) werden einige Annahmen getroffen. Die MCC-Modellpartikel werden mit einem Durchmesser $d_p = 2$ mm als ideal sphärisch und monodispers verteilt angenommen. Eine plastische Verformung oder Bruch der Partikel aufgrund von Kollisionen erfolgt nicht.

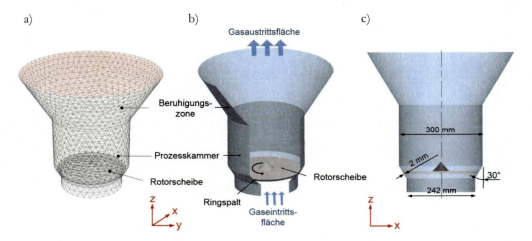

a)   b)   c)

Abbildung 6-1: Ansicht der Modellgeometrie Rotorgranulator: CFD-Berechnungsgitter (a), DEM-Geometrie (b), Schnittansicht (c).

Die für die DEM-Modellierung erforderlichen Materialparameter (Rohdichte, Restitutions-, Reibungskoeffizienten, etc.) wurden für die Modellpartikel Mikrokristalline Cellulose (Cellets® 1000, HARKE Group) experimentell ermittelt und in das Berechnungsmodell implementiert. Als Referenzmaterial der Wände wurde der Kunststoff Polymethylmethacrylat (PMMA) herangezogen. Eine detaillierte Beschreibung der Bestimmung der Materialparameter und Methoden wird in (Neuwirth et al., 2013) gegeben. Tabelle 6-1 gibt einen Überblick über alle relevanten Simulationsparameter.

Die Eintrittsgeschwindigkeit des Prozessgases in die Prozesskammer oberhalb des Ringspaltes wird als normierte Gasgeschwindigkeit u^* bezeichnet und ist als das Verhältnis aus der theoretischen mittleren Gasgeschwindigkeit im Spalt u_{Spalt} und der minimalen Partikel-Fluidisationsgeschwindigkeit u_{mf} nach Wen & Yu (Wen und Yu, 1966a) definiert:

$$u^* = \frac{u_{Spalt}}{u_{mf}} \; .$$
(6.1)

Die Anfangs- und Randbedingungen gelten für alle durchgeführten Simulationsreihen wie folgt:

Zu Beginn werden die Partikel zufällig als Festbett oberhalb der Rotorscheibe und in Ruhelage (Geschwindigkeit und Rotation) erzeugt. Anschließend tritt das Gas vertikal am unteren Einlauf der Anlage mit einem definierten und einheitlichen Geschwindigkeitsprofil ein. Gleichzeitig wird im DEM-Modell die Rotorscheibe je nach zu untersuchenden Parameter mit einer definierten Umdrehungsgeschwindigkeit in Rotation versetzt. Als Gasaustrittbedingung wird ein konstanter atmosphärischer Druck definiert. Für die Gasströmung an Wänden und Einbauten gilt eine „No-Slip" Randbedingung.

Tabelle 6-1: Simulationsparameter.

Parameter	Symbol	Einheit	Wert
Apparatedurchmesser	D	mm	300
Rotordrehzahl	n_{Rotor}	Upm	77 - 600
Froude Zahl (Rotor)	Fr	-	1 - 60
Normierte Spaltgeschwindigkeit	u^*	-	0 - 32
Anzahl der Partikel	N_p	-	120 000
Partikelgröße	d_p	mm	2
Rohdichte (Partikel)	ρ_P	kg/m³	1500
Rohdichte (Wand)	ρ_W	kg/m³	1180
Restitutionskoeffizent (Normalrichtung)	e_n	-	0.85
Statischer Reibungskoeffizient (Partikel-Partikel)	μ_S	-	0.32
Statischer Rollreibungskoeffizient	μ_R	-	0.02
Schubmodul	G	MPa	645
Poissonzahl	ν	-	0.25
Zeitschritt CFD	Δt_{CFD}	s	$2 \cdot 10^{-5}$
Zeitschritt DEM	Δt_{DEM}	s	$2 \cdot 10^{-6}$

6.2 Experimentelle Strömungsuntersuchungen mittels der Magnetischen-Partikeldetektierung

In diesem Kapitel werden Ergebnisse aus den Messungen der dichten Gas-Feststoff-Strömung im Rotorgranulator mittels des Messsystems zur magnetischen Partikeldetektion (MPT) aufgeführt. Im ersten Teil wurden die signifikanten Einflussparameter auf die Einzelpartikelströmung (translatorische und rotatorische Geschwindigkeit) mittels des Ansatzes der statistischen Versuchsplanung DOE (Design Expert Software, Stat-Ease Inc.) untersucht. Für jeden Betriebspunkt wurden drei verschiedene Tracerpartikel (Kapitel 5.4) eingesetzt und jeweils drei Messwiederholungen durchgeführt. Die Gesamtaufnahmezeit jedes gemessenen Betriebspunktes betrug somit 90 Minuten. Die statistische Analyse erfolgte zunächst unter trockenen (kein Einsprühen von Binderflüssigkeit) Bedingungen und anschließend unter Einsprühen von unterschiedlichen Flüssigkeiten (Polyethylenglycol 600 und Wasser). Die variierten Betriebsparameter sind in Tabelle 6-2 aufgeführt. Als Zielgrößen wurden die mittlere translatorische sowie rotatorische Tracer-Geschwindigkeit definiert.

Tabelle 6-2: Übersicht der DOE Modellparameter und Zielgrößen.

Parameter	Symbol	Einheit	DOE Bezeichnung	Bereich (-)	Bereich (+)
Bettmasse	m_{Bett}	g	A	700	1500
Rotordrehzahl	n_{Rotor}	Upm	B	300	800
Normierte Spaltgeschwindigkeit	u^*	-	C	22	33
Binder-Viskosität	η	mPa s	D	1,0	2,7
Binder-Sprührate	$\dot{m}_{Binder}$	g/min	E	4	7
Mittlere translatorische Partikelgeschwindigkeit	u_p	m/s	Z1	-	-
Mittlere rotatorische Partikelgeschwindigkeit	ω_p	rad/s	Z2	-	-

6.2.1 Statistische Analyse unter trockenen Bedingungen

6.2.1.1 Betrachtung der mittleren rotatorischen Partikelgeschwindigkeit unter trockenen Bedingungen

Die Auswahl der Effekte welche für die beiden Zielgrößen, wie translatorische Z1 und rotatorische Geschwindigkeit Z2 relevant sind, erfolgte anhand von halbnormalen Wahrscheinlichkeitsanalysen (Abbildung 6-2). Diese geben zusätzlich eine Fehlerschätzung innerhalb einer Normalverteilung der Effekte an. Außerdem zeigt das Diagramm, ob sich Effekte positiv (□) bzw. negativ (■) auf die Zielgrößen auswirken.

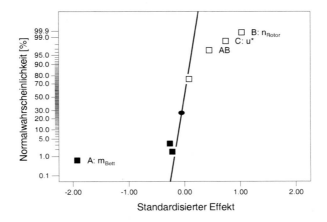

Abbildung 6-2: Normal-Wahrscheinlichkeitsdiagramm: A-Bettmasse, B-Rotordrehzahl, C-Normierte Spaltgasgeschwindigkeit.

Das Normal-Wahrscheinlichkeitsdiagramm zeigt, dass sich alle variierten Betriebsparameter (A-C) außerhalb der für das DOE Modell nicht signifikanten Effekte befinden. Dies bedeutet, dass die Einflüsse der untersuchten Betriebsparameter sich signifikant auf die Zielgrößen auswirken und nicht auf zufälligen Messschwankungen zurückzuführen sind. Die Bettmasse m_{Bett} (A) stellt dabei den größten Einflussfaktor (Abstand zur Gerade) auf die Zielgrößen dar. Um die Einflüsse der experimentell untersuchten Betriebsparameter besser zu charakterisieren, zeigt das Pareto-Diagramm sortiert nach Intensitäten und Richtung der Effekte auf die Zielgrößen an. Die Haupteinflussgrößen auf die mittlere Partikelrotationsgeschwindigkeit ω_p sind in Abbildung 6-3 dargestellt. Schwarze Balken definieren einen absenkenden, graue einen erhöhenden und weiße (hell grau) einen nicht signifikanten Effekt auf die Zielgröße.

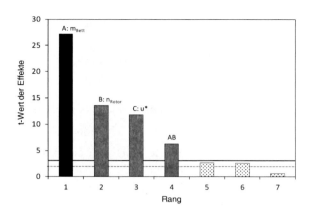

Abbildung 6-3: DOE Pareto-Diagramm der rotatorischen Tracer-Geschwindigkeit.

Auf der vertikalen Achse sind die t-Werte der absoluten Effekte abgebildet. Diese dimensionslose Kenngröße skaliert die Effekte in Einheiten ihrer Standardabweichung. Den größten Effekt auf die Partikelrotation hat die Bettmasse m_{Bett}, gefolgt von der Rotordrehzahl n_{Rotor} und normierten Spaltgasgeschwindigkeit u^*. Zudem haben auch Parameterkombinationen Einfluss auf die Zielgrößen, wie die Kombination AB (m_{Bett} und u^*) welche ebenfalls über der statistischen Signifikanzgrenze liegt. Parameterkombinationen mit dem Rang 5 bis 7 sind deutlich darunter und werden in der weiteren Analyse nicht berücksichtigt. Die Varianzanalyse beschreibt das Verhältnis des quadratischen Mittelwertes des Modells und des residualen quadratischen Mittelwertes. Diese zeigt, dass es nur eine 0,01 %ige Wahrscheinlichkeit gibt, dass Effekte auf Grund von Störungen bei den Messungen hervorgerufen wurden. Außerdem bestätigt die Varianzanalyse die schon zuvor als signifikant festgestellten Einflussgrößen.

Eine Darstellung der signifikanten Interaktionen der unterschiedlichen Betriebsparameter unter trockenen Bedingungen ist in Abbildung 6-4 gegeben. Die Variation AB der Bettmasse m_{Bett} und Rotordrehzahl n_{Rotor} (Abbildung 6-4a) zeigt, dass die mittlere Winkelgeschwindigkeit der Tracerpartikel, bei unterschiedlichen Rotordrehzahlen mit steigender Bettmasse kontinuierlich abnimmt. Hingegen steigt die Partikel-Winkelgeschwindigkeit mit der Rotordrehzahl und der Gasgeschwindigkeit (Abbildung 6-4b) kontinuierlich an.

Die Fehlerbalken der jeweiligen Kurvenpunkte veranschaulichen das 95%-Intervall der kleinsten signifikanten Differenz. Dies bedeutet, Punkte deren Intervall sich nicht überlappen, sind signifikant verschieden und haben damit ebenfalls signifikante Effekte auf die entsprechende

Zielgröße. Aus dieser Betrachtung lassen sich aus dem statistischen Modell folgende Schlüsse ziehen:

- Der Effekt der Rotordrehzahl (B) ist bei geringen Bettmassen (A) nicht signifikant.
- Der Effekt der normierten Spaltgasgeschwindigkeit (C) ist nur bei niedrigen Drehzahlen signifikant.

a)   b)

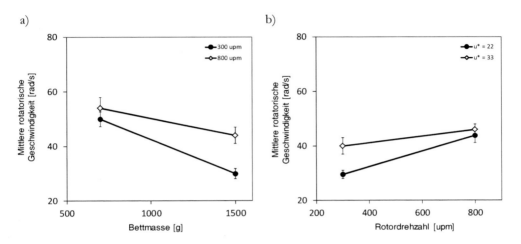

Abbildung 6-4: Signifikante Interaktion der Betriebsparameter auf die rotatorische Tracer-Winkelgeschwindigkeit bei $u^* = 22$ (a), $m_{Bett} = 1500g$.

Um das aus den experimentellen Untersuchungen abgeleitete statistische Modell zu überprüfen, wurden sogenannte zusätzliche „Kontrollmessungen", welche nicht in dieses einfließen, durchgeführt. Abbildung 6-4 soll veranschaulichen, ob diese zusätzlichen Messungen die Hypothesen aus dem Modell bestätigen. Dabei liegen die jeweiligen gewählten Betriebsparameter immer zwischen den Randwerten des DOE-Modells.

Abbildung 6-4a bestätigt, dass bei zunehmender Bettmasse aufgrund der dichteren Gas-Feststoff-Strömung und daraus resultierenden höheren Kollisionszahl der Partikel die mittlere rotatorische Geschwindigkeit ω_p deutlich abnimmt. Die zusätzlichen Messpunkte ($m_{Bett} = 900$ g und 1100 g) zeigen einen nahezu linearen Zusammenhang zwischen Bettmasse m_{Bett} und Partikel-Rotationsgeschwindigkeit ω_p.

Betrachtet man nun den Zusammenhang zwischen Rotordrehzahl und Partikelrotationsgeschwindigkeit (Abbildung 6-4b), wird deutlich, dass die statistische Analyse eine gute qualitative Aussage über den Verlauf treffen kann. Jedoch ist im mittleren bis unteren Betriebsbereich (300 bis 500 Upm) ein Anstieg der Partikel-Winkelgeschwindigkeit zu erkennen, welche bei weiterer Erhöhung der Rotordrehzahl aufgrund des zunehmenden „Schlupfes" zwischen Rotorplatte und Partikelbett kontinuierlich abnimmt.

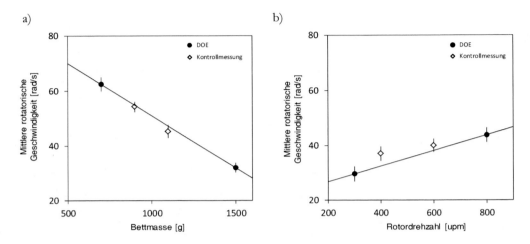

Abbildung 6-5: Signifikante Interaktion der Betriebsparameter auf die translatorische (a) und rotatorische (b) Tracer-Winkelgeschwindigkeit von Bettmasse und Rotordrehzahl.

Aus der zuvor beschriebenen Signifikanzanalyse (Abbildung 6-4) geht hervor, dass die Partikel-Winkelgeschwindigkeit bei geringen Bettmassen nicht merklich durch die Rotordrehzahl beeinflusst wird. In folgenden Betrachtungen werden daher nur die Betriebspunkte P1-P4 (siehe Abbildung 6-4) behandelt, welche sich im Signifikanztest deutlich unterschieden haben, d.h. die Variation der Rotorgeschwindigkeit bei hohen Bettmassen sowie der Fluidisationsgeschwindigkeit bei einer geringen Rotordrehzahl.

Abbildung 6-6 zeigt die örtlich (vertikal) und über die gesamte Messdauer gemittelten rotatorische Partikelgeschwindigkeitsfelder für unterschiedliche Rotorgeschwindigkeiten. Wie nach der statistischen Analyse zu erwarten, hat die Rotordrehzahl bei hohen Bettmassen einen sehr großen Einfluss (Abbildung 6-6a und b). Die Winkelgeschwindigkeit der Tracerpartikel ω_p nimmt in Richtung Rotationsachse signifikant zu. Während bei kleiner Rotordrehzahl die Partikel-Winkelgeschwindigkeit bei einer Bettmasse von 1500 g bei etwa 30 rad/s liegt, sind bei hohen Drehzahlen Partikel-Winkelgeschwindigkeiten von bis zu 60 rad/s zu erwarten. Der signifikante Einfluss der Bettmasse auf die Partikelrotation ist auf die geringe Fluidisation und damit auf eine höhere Partikelkonzentration zurückzuführen. Exemplarisch werden die Partikelrotationsgeschwindigkeitsprofile bei Variation der Rotordrehzahl analog zu der vorangehenden Beschreibung für eine hohe normierte Spaltgasgeschwindigkeit in Abbildung 6-7 dargestellt.

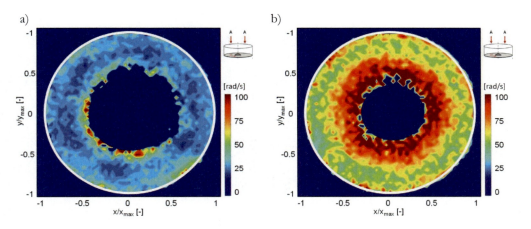

Abbildung 6-6: Rotatorische Geschwindigkeitsfelder für n_{Rotor} = 300 Upm (a) und 800 Upm (b) bei m_{Bett} = 1500g und u* = 22.

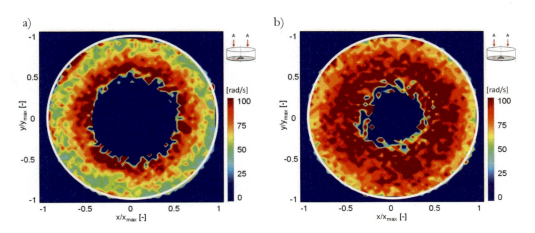

Abbildung 6-7: Rotatorische Geschwindigkeitsfelder für normierte Spaltgasgeschwindigkeiten n_{Rotor} = 300 Upm (a) und 800 Upm (b) bei konstantem m_{Bett} = 700g und u* = 22.

6.2.1.2 Translatorische Partikelgeschwindigkeit unter trockenen Bedingungen

Die Beschreibung der Einflussgrößen auf die translatorische Partikelgeschwindigkeit erfolgt analog zur vorangegangenen statistischen Methode. Die Haupteinflussgrößen auf die mittlere translatorische Tracer-Geschwindigkeit sind in Abbildung 6-8 in Pareto- und Normal-Wahrscheinlichkeitsdiagrammen dargestellt.

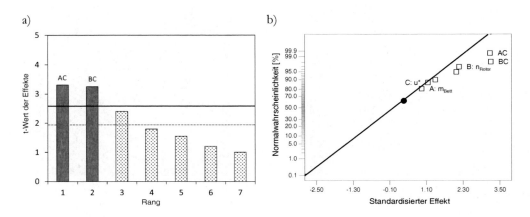

Abbildung 6-8: Translatorische Tracer-Geschwindigkeit u_p unter trockenen Bedingungen: Pareto-Diagramm (a), Normal-Wahrscheinlichkeitsdiagramm (b).

Dieser zeigt die Kombination AC (m_{Bett} und u^*) sowie BC (n_{Rotor} und u^*) als die signifikantesten Einflüsse auf die translatorische Partikelgeschwindigkeit. Die Einflussfaktoren 3 bis 7 liegen unter der statistischen Signifikanzgrenze und gehen daher in den folgenden Betrachtungen nicht ein. Um die für die Zielgrößen relevanten Einflüsse zu bestimmen und zu charakterisieren wird eine Perturbationsbetrachtung (Abbildung 6-9) herangezogen. Mit dieser ist es möglich alle drei signifikanten Parameter A, B und C (m_{Bett}, n_{Rotor} und u^*) in Abhängigkeit voneinander zu betrachten. Zum besseren Verständnis dieser Betrachtungsmethode sind die Betriebspunkte zusätzlich im Oberflächendiagramm dargestellt. Nach Variation der Betriebsparameter A, B und C liegen die minimalen bzw. maximalen mittleren Partikelgeschwindigkeiten im Bereich von 0.7 bis 0.9 m/s.

Im Permutationsdiagramm stellt der Zentralpunkt P1 einen für alle drei betrachteten Parameter definierten Betriebspunkt innerhalb des berücksichtigten Parameterraumes dar. Die Referenzpunkte -1 und +1 bezeichnen den jeweiligen Randwerte der Parameter im statistischen Modell.

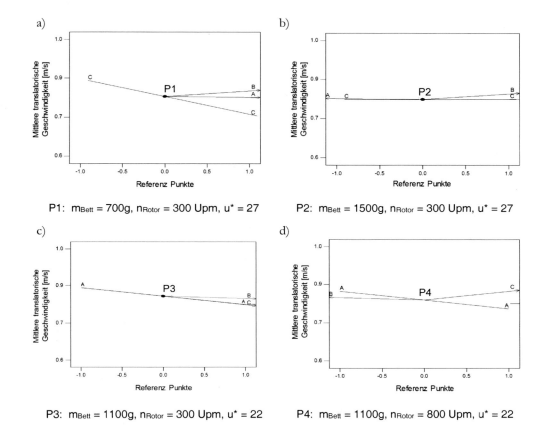

P1: m_{Bett} = 700g, n_{Rotor} = 300 Upm, u* = 27   P2: m_{Bett} = 1500g, n_{Rotor} = 300 Upm, u* = 27

P3: m_{Bett} = 1100g, n_{Rotor} = 300 Upm, u* = 22   P4: m_{Bett} = 1100g, n_{Rotor} = 800 Upm, u* = 22

Abbildung 6-9: Signifikante Perturbation der mittleren translatorischen Tracer-Geschwindigkeit unter trockenen Bedingungen: Variation der Bettmasse m_{Bett} (a-b), Variation der Rotorgeschwindigkeit (c-d).

Abbildung 6-9a zeigt beispielsweise eine Erhöhung der Bettmasse (A) vom Referenzpunkt P1 (700 g) nach Referenzpunkt 1 (1500 g). Die rot dargestellten Pfeile stellen jenen Parameter dar, welche in bestimmten Parameterkombinationen keinen signifikanten Effekt auf die translatorische Geschwindigkeit haben. Eine horizontale Verschiebung würde keine Veränderung der untersuchten Zielgröße bedeuten. Abbildung 6-9b zeigt eine Variation der Rotorgeschwindigkeit (B).

Aus den abgebildeten Perturbations-Diagrammen und den restlichen untersuchten Parameterkombinationen können folgende Erkenntnisse abgeleitet werden:

- Die Bettmasse m_{Bett} (A) hat auf die mittlere translatorische Partikelgeschwindigkeit u_p bei hohen Rotordrehzahlen (B) einen geringen Einfluss (Abbildungen 6-9a). Die mittlere Tracer-Geschwindigkeit bleibt bei mittleren Gasgeschwindigkeiten u^* nahezu unverändert.

- Bei geringen normierten Spaltgasgeschwindigkeiten u^* (C) ist der Einfluss der Rotordrehzahl n_{Rotor} signifikant.

- Bei hohen normierten Spaltgasgeschwindigkeiten u^* (C) haben Rotordrehzahl n_{Rotor} (B) und Bettmasse m_{Bett} (A) einen signifikanten Einfluss.

Die genannten Effekte lassen sich durch einen Oberflächenplot wesentlich besser verdeutlichen. Abbildung 6-10 zeigt den Zusammenhang zwischen den Faktoren Bettmasse A und Rotordrehzahl B bei unterschiedlichen Spaltgasgeschwindigkeiten C unter trockenen Bedingungen. Hier wird deutlich, dass sich die höchsten Partikelgeschwindigkeiten bei einer intensiven Fluidisation bzw. geringer Bettmasse und Rotordrehzahl einstellen. Betrachtet man nun mittlere Spaltgasgeschwindigkeiten (Abbildung 6-10b), so haben die Parameter A und B nur marginale Effekte auf die Partikelgeschwindigkeit. Die Betrachtung der Betriebspunkte bei hohen Spaltgasgeschwindigkeiten (Abbildung 6-10c) bestätigt die Hypothese, dass eine hohe Rotordrehzahl und Bettmasse zu maximalen translatorischen Partikelgeschwindigkeiten führen. Abgesehen von einer gewünschten Scherbeanspruchung des Feststoffbettes, kann der Rotorgranulator somit bei geringen normierten Spaltgasgeschwindigkeiten auch bei Rotordrehzahlen im unteren stabilen Betriebsbereich betrieben werden. Wird der Prozess bei einer mittleren Bettmasse (z.B. 1100 g) und mittlerer Rotordrehzahl (z.B. 500 Upm) betrieben, so hat eine Änderung der Spaltgasgeschwindigkeit nur einen marginalen Einfluss auf die translatorische Partikelkinetik. Der diskutierte Betriebspunkt befindet sich im Zentrum des Oberflächengraphen. Eine signifikante Veränderung der mittleren Partikelgeschwindigkeit wird lediglich durch die Variation an den Extremwerten der Betriebsparameter hervorgerufen. Aus diesem Grund wird eine Analyse des MPT-Geschwindigkeitsfeldes im Rotorapparat lediglich für die DOE-Randpunkte der Spaltgasgeschwindigkeit u^* vorgenommen.

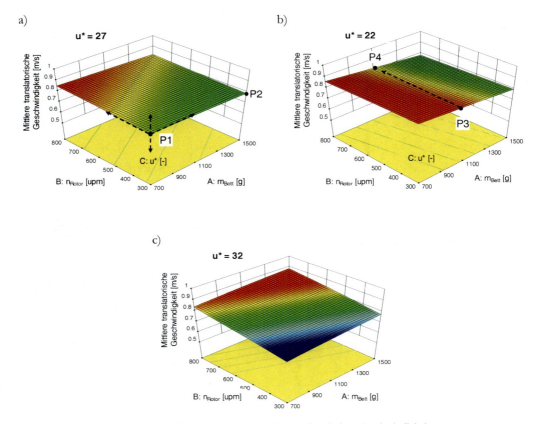

Abbildung 6-10: Abhängigkeitsdiagramm der translatorischen Geschwindigkeit.

Exemplarisch werden die Abhängigkeiten von Spaltgeschwindigkeit und Rotordrehzahl auf das räumliche translatorische Geschwindigkeitsfeld bei einer konstanten Bettmasse von 1500 g in Abbildung 6-11 gezeigt. Die dargestellten Geschwindigkeitsfelder basieren auf den MPT-Messdaten der Gesamtmessdauer von 90 min und 3 Einzeltracern. Für eine verbesserte Vergleichbarkeit wurden die Geschwindigkeiten lokal über die Höhe gemittelt. Bei der näheren Betrachtung der Abbildungen 6-11c und d fällt auf, dass die translatorische Geschwindigkeit in der Nähe der Apparatewand deutlich niedriger als im Zentrum ausfällt. Es könnte vermutet werden, dass die in diesem Bereich auftretende Spaltgasgeschwindigkeit einen signifikanten Effekt hat, da der Luftstrom an der Rotorwand entlangströmt. Allerdings dient u^* der Beschleunigung für die erwünschte axial/radiale Feststoffzirkulation. Der Grund liegt also darin, dass die meisten Partikel sich in Apparatewandnähe befinden. Ausgangspunkt für dieses Verhalten ist nicht der

Parameter m_{Bett} sondern die Rotordrehzahl n_{Rotor}. Des Weiteren stellt sich bei hohen Gasgeschwindigkeiten eine höhere Bettexpansion ein und somit ein deutlich ausgeprägter Geschwindigkeitsgradient als bei niedrigen Spaltgasgeschwindigkeiten. In den Abbildungen 6-11a und b ist das zuvor beschriebene Verhalten weniger deutlich zu erkennen, da hier die Anlage nur mit niedriger Drehzahl betrieben wurde. Bei höheren Rotordrehzahlen sinkt der Krafteintrag zwischen Rotorscheibe und dem Partikelbett und damit auch die radiale Bettexpansion in Richtung Apparatewand. Ein deutlicher Unterschied ist zwischen den Rotordrehzahlen 300 und 800 Upm in Abbildung 6-11a und b zu erkennen.

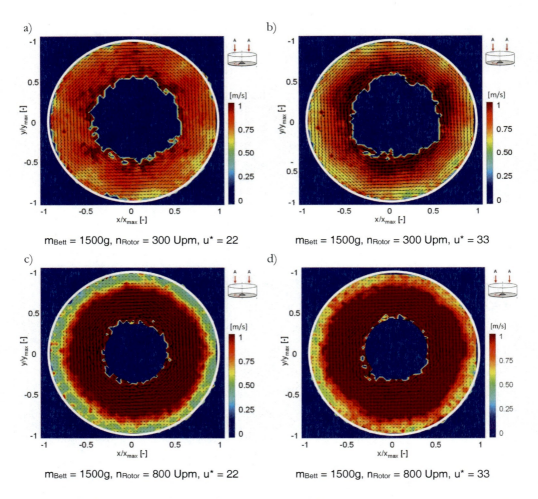

Abbildung 6-11: Translatorisches Geschwindigkeitsfeld für m_{Bett} = 1500g: Variation u^+ (a-b), Variation n_{Rotor} (c-d).

6.2.2 Statistische Analyse der granularen Strömung unter Zugabe von Binderflüssigkeiten

Analog zur statistischen Analyse unter trockenen Betriebsbedingungen werden nun die Ergebnisse der Messreihen unter Berücksichtigung der Eindüsung von Binderflüssigkeiten vorgestellt. Es handelt sich hierbei wiederum um einen vollständig faktoriellen statistischen Versuchsplan nach Tabelle 6-2 mit den Faktoren A-E und den getrennt betrachteten Zielgrößen mittlere translatorische Partikelgeschwindigkeit (Z1) und mittlere rotatorische Partikelgeschwindigkeit (Z2). Zudem muss erwähnt werden, dass die Modellpartikel keine poröse Struktur aufweisen und somit keine Penetration von Binderflüssigkeit in die Partikelstruktur stattfindet, d.h. in dieser Versuchsreihe wird von einer reinen Oberflächenbenetzung ausgegangen. In diesen Messreihen wurden zusätzlich die Faktoren Viskosität der Binderflüssigkeit (D) und Sprührate (E) berücksichtigt. Damit steigt der Umfang des statistischen Versuchsplanes auf 2^5. Unter Berücksichtigung der Sternpunkte im statistischen Modell umfasst dieser damit 297 Einzelmessungen mit einer jeweiligen Messdauer von 30 Minuten.

6.2.2.1 Betrachtung der mittleren rotatorischen Partikelgeschwindigkeit

Die Haupteinflussgrößen auf die mittlere Partikelrotation sind in Abbildung 6-12 dargestellt. Aufgrund der Vielzahl an Einflussfaktoren wird zusätzlich auf die Normal-Wahrscheinlichkeitsanalyse zurückgegriffen. Sowohl das Pareto- als auch das Normal-Wahrscheinlichkeitsdiagramm in Abbildung 6-12 zeigen, dass die Bettmasse m_{Bett} (A) gefolgt von der Spaltgasgeschwindigkeit u^* (C) den signifikantesten Einfluss auf die Partikelrotation haben. Eine Erhöhung bzw. Verringerung der Zielgröße ω_p durch Variation der Parameter wird in Abbildung 6-12b verdeutlicht. Weiß gekennzeichnete Punkte bezeichnen eine Erhöhung, schwarz dargestellte Punkte eine Verringerung der mittleren Partikelrotationsgeschwindigkeit.

Die Signifikanzanalyse der Zielgröße Z2 impliziert, dass das statistische Modell für den betrachteten Parameterraum signifikant ist. Der P-Wert zeigt mit einer Wahrscheinlichkeit von 0.01%, dass die Zielgrößen von Störungen beeinflusst wurden.

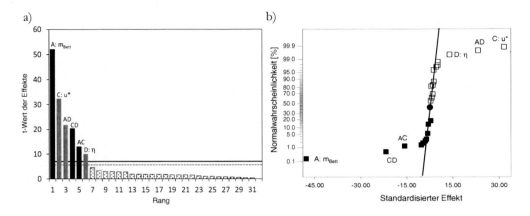

Abbildung 6-12: Einflussgrößen auf die rotatorischen Tracer-Geschwindigkeit: Pareto Diagramm (a), Normal-Wahrscheinlichkeitsdiagramm (b).

Aus der statistischen Analyse können folgende Erkenntnisse gewonnen werden, welche anschließend im Detail diskutiert werden.

- Die Rotordrehzahl (B) hat lediglich einen minimalen Einfluss auf die Partikelrotation unter der Berücksichtigung von Binderflüssigkeit.
- Die Sprührate (E) hat lediglich einen marginalen Einfluss.
- Bei hohen Bettmassen ist die Viskosität (E) der Binderflüssigkeit wenig signifikant.
- Eine hohe Binderviskosität (D) stellt den dominierenden Parameter dar, d.h. alle anderen Stellgrößen zeigen eine geringe Wirkung auf die Zielgröße Z2.

Die genannten Effekte der Parameter (A), (C) und (D) lassen sich durch den Oberflächenplot in Abbildung 6-13 gut verdeutlichen. Bei geringer Binderviskosität zeigt der Verlauf in Abhängigkeit der Faktoren Bettmasse (B) und normierte Spaltgasgeschwindigkeiten (C) einen analogen Verlauf zu den Untersuchungen unter trockenen Bedingungen (Abbildung 6-13a). So hat eine Erhöhung der Bettmasse grundsätzlich niedrigere Partikelrotationen zur Folge. Diese kann durch eine Erhöhung der Spaltgasgeschwindigkeit jedoch nur minimal kompensiert werden. Betrachtet man nun das Szenario einer höheren Binderviskosität wie in Abbildung 6-13b dargestellt, so wird deutlich, dass die vorher beschriebenen Effekte nahezu aufgehoben werden. Dies verdeutlicht das, die Erhöhung bzw. Verringerung von Bettmasse oder Spaltgasgeschwindigkeit hat demnach einen minimalen Effekt auf die mittlere Partikelrotation.

Deutlich veranschaulicht wird dieser Effekt in Abbildung 6-13c, welche die Abhängigkeit der Viskosität und Bettmasse darstellt. Ausgehend von dem Betriebspunkt P1 mit einer sehr hohen Partikelmobilität (Rotation), aufgrund intensiver Fluidisation und geringer Binderviskosität, bewirkt die Zugabe von Flüssigkeiten mit hoher Viskosität ein stetiges Absinken der Partikelrotation (P2). Die Anwesenheit der viskosen Flüssigkeitsfilme an der Partikeloberfläche vermindert damit die Partikelrotation. Den signifikantesten Effekt, stellt wie im Pareto-Diagramm (Abbildung 6-12) gezeigt, die Kombination aus Bettmasse und Binderviskosität dar. Dies wird durch die Änderung der Betriebspunkte P1 nach P3 dargestellt.

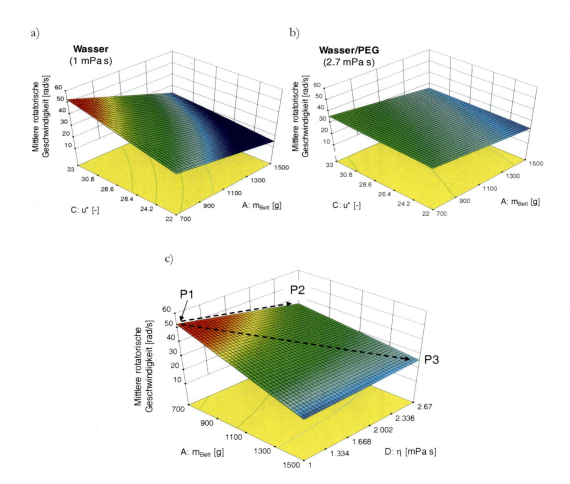

Abbildung 6-13: Abhängigkeitsdiagramm der rotatorischen Geschwindigkeit (Szenario: $u^* = 33$; $n_{Rotor} = 300$ Upm; Sprührate 7 g/min).

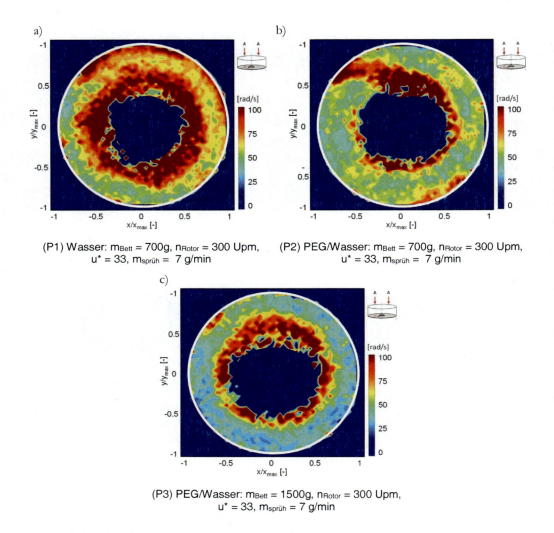

a)

(P1) Wasser: m_{Bett} = 700g, n_{Rotor} = 300 Upm, u^* = 33, $m_{sprüh}$ = 7 g/min

b)

(P2) PEG/Wasser: m_{Bett} = 700g, n_{Rotor} = 300 Upm, u^* = 33, $m_{sprüh}$ = 7 g/min

c)

(P3) PEG/Wasser: m_{Bett} = 1500g, n_{Rotor} = 300 Upm, u^* = 33, $m_{sprüh}$ = 7 g/min

Abbildung 6-14: Rotatorisches Geschwindigkeitsfeld unter Berücksichtigung von Binderflüssigkeit.

Korrespondierend zu den diskutierten Betriebspunkten P1 – P3 sind in Abbildung 6-14 die örtlich und zeitlich gemittelten rotatorischen Geschwindigkeitsfelder dargestellt. Die örtliche Verteilung der Partikelrotationsgeschwindigkeit zeigt deutlich höhere Partikelrotationen im Bereich $80 - 100$ rad/s im inneren Bereich des Partikelbettes. Deutlich ist auch der Effekt der Düsenluftströmung im linken oberen Bereich zu erkennen (Abbildung 6-14b). Der Düsenimpuls hat somit einen Einfluss auf die Partikelströmung um die Region des Düsenstutzens und bildet einen kegelförmigen Bereich. In diesem treten starke Partikelrotationen auf. Als Ursache für diesen Effekt können zwei unterschiedliche Hypothesen aufgestellt werden:

- Aufgrund der hohen Strömungsgeschwindigkeit der Düsenluft treten hohe Kollisionskräfte und Momente zwischen den beschleunigten Partikeln auf, was wiederum zu einer erhöhten Partikelrotation führt.

- Der Düsenimpuls verursacht in diesem Wirkbereich eine niedrige Partikelkonzentration und somit weniger Stöße zwischen den einzelnen Partikeln. Diese Annahme korrespondiert mit den Ergebnissen unter „trockenen" Betriebsbedingungen, welche bei einer niedrigen Feststoffkonzentration ebenso hohe Partikelrotationsgeschwindigkeiten zeigt.

Im Allgemeinen können bei einer hohen Viskosität über das gesamte Partikelbett geringere Rotationsgeschwindigkeiten beobachtet werden.

6.2.2.2 Betrachtung der mittleren translatorischen Partikelgeschwindigkeit

Die Haupteinflussgrößen auf die Erhöhung bzw. Verringerung der mittleren translatorischen Partikelgeschwindigkeit unter Berücksichtigung von eingesprühter Binderflüssigkeit zeigt Abbildung 6-15. Wie bereits in der vorangegangenen Analyse dargestellt, sind die physikalischen Eigenschaften (Viskosität, Sprühverhalten, etc.) der eingebrachten Flüssigkeit relevant. Diese Darstellung zeigt, dass die Viskosität, gefolgt von der Sprührate, unter allen berücksichtigten Parametern den größten Effekt auf die translatorische Partikel-Geschwindigkeit hat. Es sei nochmals darauf hingewiesen, dass Parameter der Zweistoffdüse, wie beispielsweise Düsenluftrate oder Düsenstellung in dieser statistischen Versuchsplanung nicht untersucht wurden. Für alle Betrachtungen wurden dieselben Düsenparameter verwendet.

Die Signifikanzanalyse zeigt, dass das statistische Modell (F-Wert = 19.5; p-Wert < 0.01%) relevant ist und zusammenfassend folgende Effekte aufweist:

- Die Spaltgasgeschwindigkeit (C) zeigt keinen relevanten Einfluss.

- Der Benetzungsgrad bzw. die Sprührate (E) beeinflusst die mittlere Partikelgeschwindigkeit signifikant.

- Die Kombination aus einer Variation der Rotordrehzahl (B) sowie der Viskosität der Binderflüssigkeit (D) sind relevante Einflussparameter.

- Eine Erhöhung der relevanten Einzelparameter (A, B, D, und E) führt zur Absenkung der Zielgröße Z1.

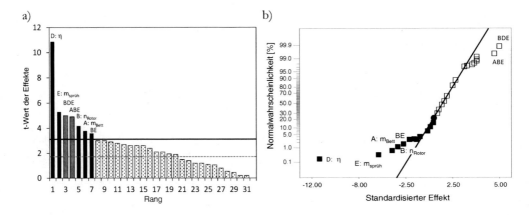

Abbildung 6-15: Einflussgrößen auf die translatorische Tracer-Geschwindigkeit: Pareto-Diagramm (a), Normal-Wahrscheinlichkeitsdiagramm (b).

Bei Flüssigkeiten mit relativ niedriger Binderviskosität (Abbildung 6-16a) zeigen Rotordrehzahl (B) und Sprührate (E) Abhängigkeiten und einen signifikanten Einfluss auf die mittlere Partikelgeschwindigkeit. Die dargestellten Oberflächendiagramme beziehen sich auf eine Bettmasse von 700 g und damit bezogen auf die Partikeloberfläche einen hohen Benetzungsgrad des Bettes. Deutlich wird dieser Effekt in der Kombination: hohe Sprührate, Erhöhung der Rotordrehzahl (P1 - P3) sowie hohe Rotordrehzahl und Erhöhung der Sprührate (P2 - P3).

Hingegen ist dieser Effekt bei hoher Viskosität wesentlich geringer. Wie schon in den vorangegangenen Analysen gezeigt, dominieren hier die Bindungskräfte zwischen den Partikeln und damit allgemein die Mobilität. Abbildung 6-16b verdeutlicht dies und zeigt für das Gemisch Wasser/PEG im Vergleich zu reinem Wasser minimale Veränderungen der Partikelgeschwindigkeit in Abhängigkeit der diskutierten Parameter (P4 - P6 und P5 - P6). Jedoch zeigen Form und Trend der Oberfläche Analogien, d.h. Effekte bei einer niedrigen Viskosität lassen sich für das Gemisch Wasser/PEG übertragen. Vergleicht man nun die Randpunkte P1 und P4 sowie P2 und P5 bestätigt sich die Hypothese, dass die Partikelmobilität durch die Viskosität signifikant verringert wird. Die ist beispielsweise bei Mischungs- oder Beschichtungsprozessen essentiell.

Eine weitere Abhängigkeit der Partikelgeschwindigkeit unter Einfluss hoher Bettfeuchten ist in Abbildung 6-16c dargestellt. Wider Erwarten reduziert sich die Partikelgeschwindigkeit trotz Erhöhung der Rotordrehzahl (P7 - P9).

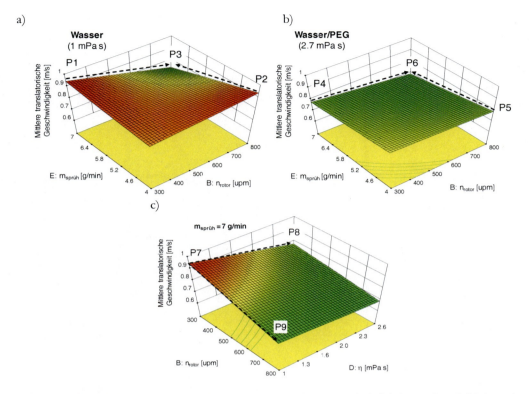

Abbildung 6-16: Abhängigkeitsdiagramm der mittleren translatorischen Geschwindigkeit unter Berücksichtigung der Binderflüssigkeit.

Derselbe Effekt zeigt sich bei hohen Sprühraten und hoher Viskosität (P7 – P8). Vermutlich besteht bei hohen Sprühraten oder Viskosität zusätzlich das Phänomen, dass sich Partikel im oberen Bettbereich an der Wand anlagern und dort für eine bestimmte Zeit bei niedriger Geschwindigkeit verweilen. Diese Hypothese soll in Abbildung 6-17 näher betrachtet werden. Die zeitlich und vertikal gemittelten Geschwindigkeitsfelder für Wasser bzw. das Wasser/PEG-Gemisch zeigen, wie in der statistischen Auswertung erwähnt, eine deutlich unterschiedliche Geschwindigkeitsverteilung. So entsteht im äußeren Bereich hin zu Rotorwand ein Gradient mit einer signifikant abfallenden Partikelgeschwindigkeit. Dies wird aufgrund der Partikel/Wand-Interaktion durch Haftkräfte hervorgerufen. Andererseits treten im inneren Bereich des Partikelbettes deutlich höhere Geschwindigkeit in die Rotorbewegungsrichtung auf. Dies lässt auf einen verbesserten Energieeintrag aufgrund der viskosen Haftkräfte zwischen Partikel und

Rotorscheibe schließen. Beim Einsprühen von Flüssigkeiten mit niedriger Viskosität ist dies nicht zu beobachten (Abbildung 6-17a-b). Es bildet sich dann ein nahezu homogenes Geschwindigkeitsfeld aus. Betrachtet man des Weiteren die radiale Expansion, so fällt auf, dass beim Einsprühen von Wasser der Düsenimpuls sowohl auf die Form, als auch auf? die Geschwindigkeit einen Einfluss hat. Unterschiedlich zu den Betrachtungen der Partikelrotation ist der Einfluss des Düsenimpulses auf die translatorische Geschwindigkeit wesentlich niedriger.

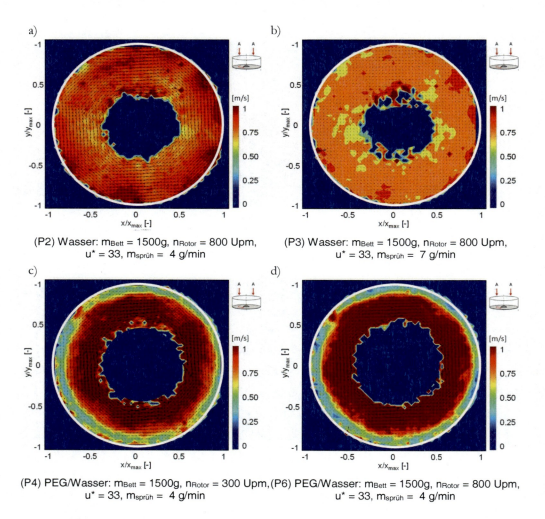

(P2) Wasser: m_{Bett} = 1500g, n_{Rotor} = 800 Upm, u^* = 33, $m_{sprüh}$ = 4 g/min

(P3) Wasser: m_{Bett} = 1500g, n_{Rotor} = 800 Upm, u^* = 33, $m_{sprüh}$ = 7 g/min

(P4) PEG/Wasser: m_{Bett} = 1500g, n_{Rotor} = 300 Upm, u^* = 33, $m_{sprüh}$ = 4 g/min

(P6) PEG/Wasser: m_{Bett} = 1500g, n_{Rotor} = 800 Upm, u^* = 33, $m_{sprüh}$ = 4 g/min

Abbildung 6-17: Translatorisches Geschwindigkeitsfeld bei unterschiedliche Binderflüssigkeiten.

6.2.3 Zusammenfassung

In diesem Kapitel wurden mittels der neuartigen Magnetischen-Partikel-Detektierung (MPT) und der statistischen Versuchsplanung die Einflüsse der Prozessparameter Rotordrehzahl, Füllgrad und Fluidisationsgeschwindigkeit auf das Verhalten der dichten Gas-Feststoff-Strömung in einem Rotorgranulator untersucht. Zudem wurde die Eindüsung von Binderflüssigkeit unter Berücksichtigung der Parameter Binderviskosität und Sprührate auf die translatorischen und rotatorischen Geschwindigkeiten analysiert und miteinander verglichen.

Bei der Betrachtung des ortsunabhängigen und zeitlichen Verlaufs der Partikelrotation des Tracerpartikels in Abbildung 6-18 wird deutlich, dass hier die Aussagen der statistischen Analyse sowie der Geschwindigkeitsfelder bestätigt werden. Zur verbesserten Darstellung wurden die Messsignale einer zeitlichen gleitenden Mittelwertfunktion mit einem Intervall von 5 Sekunden unterzogen und ein Teilausschnitt von 4 Minuten gewählt.

So ist deutlich zu erkennen, dass die absolute Rotationsgeschwindigkeit durch die Anwesenheit von Binderflüssigkeit deutlich herabgesenkt wird (Abbildung 6-18). Ein signifikanter Einfluss ist bei den Untersuchungen zum PEG/Wasser zu erkennen. Aufgrund der abrupten Verringerung der Geschwindigkeit in dem betrachteten Zeitbereich kann auf die Verweilzeit des Tracers an der Wandregion geschlossen werden. Vergleicht man, wie in Abbildung 6-18b dargestellt, die translatorische Geschwindigkeit unter Berücksichtigung verschiedener Binderflüssigkeiten so wird deutlich, dass der Einfluss geringer ausfällt. Unter trockenen Bedingungen stellt sich eine weitaus höhere Fluktuation der Geschwindigkeit ein. Wiederum ist durch die Anwesenheit von Flüssigkeit eine abrupte Verringerung der Partikelgeschwindigkeit zu erkennen. Dies zeigt, dass Partikel an überfeuchteten Stellen zu Anhaftungen an den Apparatewänden neigen. Im Allgemeinen sind in dieser Betrachtung lediglich Unterschiede zwischen trockenen und feuchten Betriebsbedingungen zu erkennen.

Eine deutlichere Aussage über den Einfluss der Binderflüssigkeit auf die rotatorische und translatorische Partikeldynamik zeigen die zeitlich gemittelten Normal-Dichteverteilungen in Abbildung 6-19. Als Basis dienen die Messdaten der gesamten Messdauer der drei Tracerpartikel (90 Minuten). Der Vergleich zwischen trockenen und feuchten Bedingungen mit Wasser zeigt, dass sich die Verteilungsbreite nahezu nicht verändert, jedoch dessen Mittelwert halbiert wird. Anders zeigt sich dies bei der Betrachtung von PEG/Wasser als Binderflüssigkeit. Hier fällt die Verteilung deutlich breiter aus (10 bis 60 rad/s) und damit korrespondierend zu den Analysen aus Abbildung 6-14.

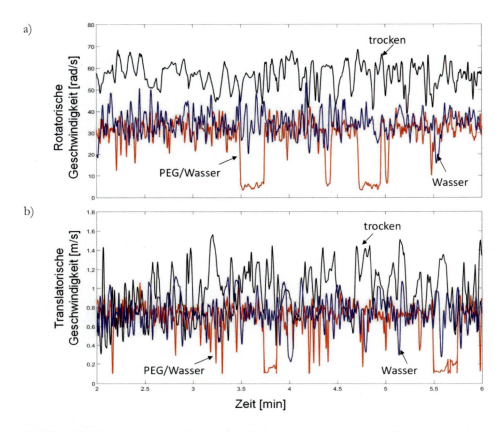

Abbildung 6-18: Zeitlicher Geschwindigkeitsverlauf (gleitender Mittelwert) rotatorisch (a) und translatorisch (b) bei $m_{Bett} = 700$ g; $n_{Rotor} = 800$ Upm; $u^* = 22$ und $m_{sprüh} = 7$ g/min.

Vergleicht man nun die Dichteverteilung der translatorischen Geschwindigkeiten, so zeigen diese wie schon bereits erwähnt, einen starken Geschwindigkeitsgradienten bei hohen Binder-Viskositäten (PEG/Wasser). Grundsätzlich zeigt das granulare Strömungsverhalten im Rotorapparat aufgrund der abfallenden Geschwindigkeit über die Betthöhe sowie im Wandbereich eine breite Geschwindigkeitsverteilung, welche im Bereich von 0.25 bis 1.5 m/s für PEG/Wasser und 0.5 bis 1.25 m/s für trockene Bedingungen liegt.

Zusammenfassend konnte gezeigt werden, dass sowohl die Anwesenheit von Binderflüssigkeit als auch deren Viskosität wie erwartet zu einer signifikanten Beeinflussung der rotatorischen als auch der translatorischen Geschwindigkeit und dessen lokaler Verteilung führt.

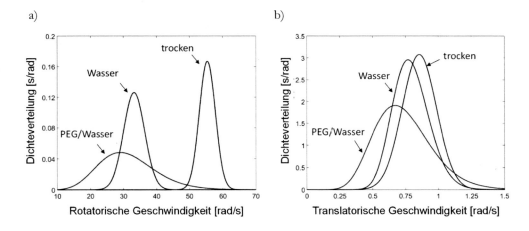

a)   b)

Abbildung 6-19: Geschwindigkeitsdichteverteilung rotatorisch (a), translatorisch (b) für m_{Bett} = 700 g; n_{Rotor} = 800 Upm; u^* = 22 und $m_{sprüh}$ = 7 g/min.

6.2.4   Vergleich mit der gekoppelten CFD-DEM-Simulation

Folgend wird die mittels des MPT-Messsystem experimentell bestimmten Geschwindigkeitsverteilung im Rotorgranulator mit den Ergebnissen einer gekoppelten CFD-DEM-Simulation verglichen. Die experimentelle Untersuchung erfolgte wiederum anhand von 3 Tracerpartikeln mit einer jeweiligen Aufnahmezeit von 30 Minuten mit insgesamt ca. 10^6 Messpunkten. Es wird davon ausgegangen, dass sich die Tracerpartikel während dieser Zeit in jedem Volumenelement im Messvolumen aufgehalten haben und sich damit ein repräsentatives Geschwindigkeitsfeld berechnen lässt. In Tabelle 6-3 sind die Parameter des Experiments und der Simulation zusammengefasst. Dabei werden für die Simulation die Partikeleigenschaften der im Experiment verwendeten „Schale-Kern"-Bettpartikel berücksichtigt. Das daraus resultierende örtlich und zeitlich gemittelte Geschwindigkeitsfeld wurde auf Grundlage aller simulierten Partikel berechnet. Die Betrachtung erfolgt im stationären Zustand im simulierten Zeitintervall von 1.5 – 5 Sekunden. Es sei hier nochmals darauf hingewiesen, dass in der experimentellen Untersuchung lediglich die Kinetik einzelner Tracerpartikel und im Modell alle simulierten Partikel berücksichtigt wurden.

Tabelle 6-3: Parameter: Simulation und Experiment.

Parameter	Einheit	Symbol	Wert
Rotordrehzahl	Upm	n_{Rotor}	300
Froude-Zahl	-	Fr	15
Normierte Spaltgeschwindigkeit	-	u^*	32
Anzahl der Partikel	-	N_p	11 000
Partikelgröße	mm	d_p	4.2
Bettmasse	kg	m_{Bett}	1.2
Dichte (Partikel)	kg/m³	ρ_S	2800
Restitutionskoeffizent (Normalrichtung)	-	e_n	0.73
Statischer Reibungskoeffizient	-	μ_S	0.25
Statischer Rollreibungskoeffizient	-	μ_R	0.02
Schubmodul	MPa	G	920
Poissonzahl	-	ν	0.25
Zeitschritt CFD	s	Δt_{CFD}	$2 \cdot 10^{-5}$
Zeitschritt DEM	s	Δt_{DEM}	$2 \cdot 10^{-6}$

Aus Abbildung 6-20 geht hervor, dass eine für den Rotorgranulator typische Geschwindigkeitsverteilung sowohl durch das MPT-Messsystem, als auch durch die Simulation wiedergegeben wird. Dabei ist der Geschwindigkeitsgradient über die Schichthöhe als auch radial zur Apparatewand zu erkennen. Dazu wurde eine auf den Radius der Rotorscheibe und der mittleren Schichthöhe normierte Darstellung gewählt. Wie schon in den zuvor dargestellten Geschwindigkeitsfeldern gezeigt, sind in der Nähe der Rotorscheibe Geschwindigkeiten von 0.8 – 1 m/s zu erwarten, welche im oberen Bereich des Bettes auf nahezu 0.2 m/s absinken. Qualitativ betrachtet liefert das Simulationsmodell eine gute Übereinstimmung mit dem Experiment. Es ist deutlich zu erkennen, dass die Bettexpansion in radialer Richtung beim Experiment intensiver, jedoch die translatorische Geschwindigkeit annähernd gleich groß ausfällt. Im Bereich der Apparatewand sind deutliche Unterschiede und eine höher gemessene Geschwindigkeit zu erkennen. Dies kann durch den unterschiedlichen Energieeintrag bei der

Partikel-Fluidisation im Spaltbereich begründet werden. Außerdem sind unterschiedliche Gasgeschwindigkeitsgradienten im Spaltbereich aufgrund der geometrischen Abweichungen im Experiment zu erwarten.

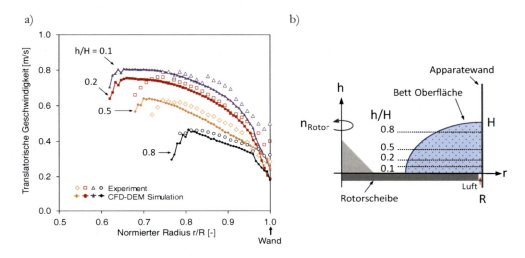

Abbildung 6-20: Vergleich des Partikelgeschwindigkeitsprofiles über die normierte Schichthöhe zwischen Experiment und CFD-DEM-Simulation (a), Schematische Darstellung der Konfiguration (b).

Vergleicht man nun das zeitlich als auch örtlich gemittelte Geschwindigkeitsfeld (Abbildung 6-21), so stimmen diese qualitativ überein. Jedoch sind eine deutlich unterschiedliche Form der Bettoberfläche und eine minimal höhere Bettexpansion in der Simulation zu erkennen.

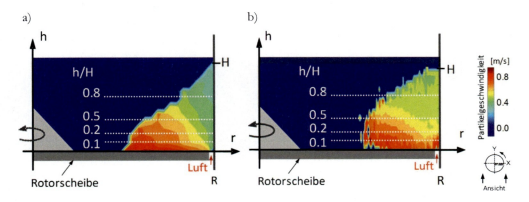

Abbildung 6-21: Vergleich der 2D-Partikelgeschwindigkeitsprofile zwischen Simulation (a) und Experiment (b).

Der Effekt der in Abbildung 6-20 dargestellten unterschiedlichen Geschwindigkeit im Spaltbereich wird in dieser Darstellung nochmals verdeutlicht. Über den gesamten vertikalen Verlauf sind im Experiment höhere Geschwindigkeiten zu erkennen. Insgesamt zeigen die Ergebnisse aus den CFD-DEM-Modell gute Übereinstimmung zu den experimentellen Untersuchungen.

6.3   Untersuchung der Mischungsvorgänge im Rotorgranulator

6.3.1   Numerische Simulation der zeitlichen Mischgüte im Rotorgranulator

Die Bestimmung der Mischgüte erfolgt in den meisten Fällen anhand der direkten Probenahme und damit mit der Entnahme von Partikeln bzw. Feststoff aus dem Bett. Dies stellt jedoch einen hohen Grad an Messunsicherheit und Messaufwand dar. Zudem sind Probenamen bei sehr schnellen Mischprozessen kaum realisierbar. Deshalb wird in diesen Fällen, bei Mischern mit sehr kurzen Mischzeiten oder zur Maßstabsübertragung auf numerische Methoden, auf die Mischungsanalyse zurückgegriffen. Die im Kapitel 2 vorgestellten Diskrete-Elemente Methode erlaubt eine vollständige Betrachtung der Mischungsabläufe im zu untersuchenden Apparat. So können in diesem Fall „virtuelle" Proben auch innerhalb des Feststoffbettes analysiert werden. Hierbei ist eine Betrachtung der Grundgesamtheit des Systems möglich. Dazu wird der berücksichtigte Prozessraum in eine Vielzahl an kleineren Kontrollvolumen (Zellen) diskreditiert. Abbildung 6-22 zeigt die Anordnung und Konfiguration die einzelnen Kontrollvolumina für die jeweilige kartesische Raumrichtung i, j und k. Zu definierten Zeitpunkten wird die Konzentration der Mischungskomponenten und daraus ableitbare lokale Entropie nach Gleichung 3.7 bestimmt. Dabei werden Position und Größe dieser Zellen für den gesamten Zeitraum der Betrachtung konstant gehalten. Die Bestimmung der zeitlichen globalen Mischungsgüte $M_{(t)}$ erfolgt nach Gleichung 3.8. Die Mischungsentropie der einzelnen Zellen wird mit dem Anteil der jeweiligen Anzahl an Partikeln auf die Gesamtpartikelanzahl gewichtet, d.h. Zellen ohne Partikel, werden nicht berücksichtigt.

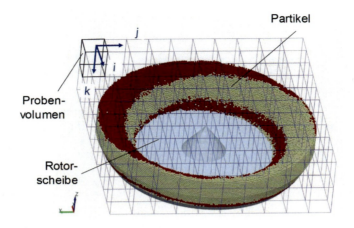

Abbildung 6-22: Entropiefunktion nach Shannon für den Fall von zwei möglichen Ereignissen.

Zunächst soll der Einfluss der „virtuellen" Probengröße sowie der Anfangsmischungszustand auf den zeitlichen Mischungsgüteverlauf im Rotorgranulator untersucht werden. Die sogenannte Anfangsmischung bezeichnet die Schichtung bzw. Anordnung der unterschiedlichen Komponenten zu Beginn des Mischprozesses. Das Modell betrachtet ausschließlich die Mischungsabläufe unter trockenen Bedingungen eines Zweikomponentensystems. Die Simulationsparameter sind in Tabelle 6-1 angegeben. Aufgrund der hohen Anzahl an Simulationen und des numerischen Aufwandes beschränken sich die Untersuchungen auf die ersten Sekunden des Mischungsvorganges. Bei einer simulierten Mischungszeit von 3 - 5 Sekunden entspricht dies, bei beispielsweise einer Rotordrehzahl von 300 Upm, 15 vollständigen Umdrehungen der Rotorscheibe.

Abbildung 6-24a zeigt, inwieweit der Mischungsindex von der gewählten Probengröße bzw. von Volumen des virtuellen Kontrollelements abhängt. Wählt man das Kontrollvolumen sehr groß, interpretiert dieses zu Beginn einen homogenen Mischungszustand aufgrund der Überlappung der beiden Komponenten in den Zellen an den Mischungsgrenzen. Werden die Probengrößen hingegen sehr klein gewählt, erreicht der Mischungsindex niemals das tatsächliche Maximum. Für alle anschließenden Untersuchungen wurde eine konstante Zellengröße mit 3-fachem Partikeldurchmesser festgelegt. Bei der monomodalen Partikelgröße von 2 mm ergibt sich somit im Mittel eine Probengröße von 18 Partikeln. Für das zylindrische System sind drei Anfangszustände (vertikal, horizontal und radial), welche den Hauptmischungsrichtungen entsprechen vorgegeben. Eine schematische Darstellung wird in Abbildung 6-23 gegeben.

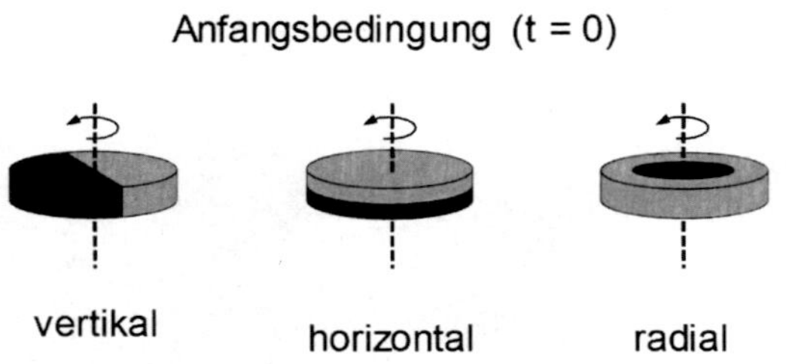

Anfangsbedingung (t = 0)

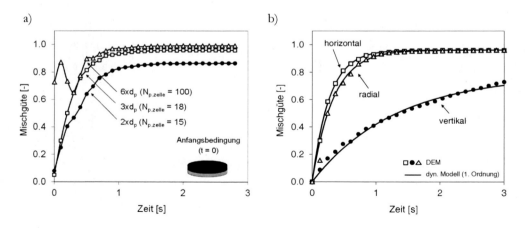

vertikal   horizontal   radial

Abbildung 6-23: Ausgangszustand der Zwei-Komponentenmischung.

Ein Vergleich der makroskopischen Mischungsindizes (Abbildung 6-24b) zeigt deutlich, dass in Rotorapparaten bei einer vertikalen Anfangsmischung die ideale Zufallsmischung deutlich langsamer erreicht wird. Hingegen stellt sich bei einer horizontalen oder radialen Anfangsmischung ein homogenerer Zustand bereits nach etwa 1.5 Sekunden ein. Dabei wurden sowohl Rotordrehzahl als auch Fluidisationsgeschwindigkeit konstant gehalten. Betrachtet man nun den zeitlichen Verlauf der Mischungsgüte so ist zu erkennen, dass dieser einer Sprungantwort erster Ordnung entspricht (Gosselin et al., 2008). Abbildung 6-24b zeigt eine Approximation der dynamischen Mischgüte mittels einer Übertragungsfunktion (PT_1-Glied) erster Ordnung mit guter Übereinstimmung.

Abbildung 6-24: Zeitliche Mischungsgüte einer Zwei-Komponentenmischung in Abhängigkeit der Probengröße (a), für unterschiedliche Anfangszustände (b) bei 300 Upm und $u^+=32$.

Ein visueller Vergleich der einzelnen Mischungszustände als Draufsicht wird in Abbildung 6-25 gegeben. Es ist klar zu erkennen, dass sich bei den horizontalen und radialen Anfangsmischungen ein nahezu homogener Mischungszustand schon nach wenigen Sekunden einstellt. Bei einer vertikalen Anordnung des Zweikomponentensystems sind deutliche entmischte Bereiche zu erkennen. Dies bestätigt, dass die Austauschfläche zwischen den einzelnen Komponenten eine wesentliche Rolle für den zeitlichen Mischverlauf darstellt.

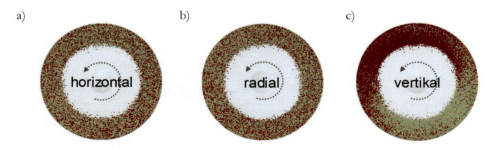

Abbildung 6-25: Zeitliche Aufnahme (Draufsicht) der Zwei-Komponentenmischung nach 1.5s für horizontale (a), vertikale (b) und radiale (c) Anfangsmischung bei 300 Upm und u*=32.

6.3.1.1 Variation der Fluidisationsgeschwindigkeit

Die Mischgüteverläufe nach Variation der Fluidisationsgeschwindigkeit zeigen, wie schon in den vorangegangenen Betrachtungen erwähnt, für unterschiedliche Anfangsmischungen einen signifikanten Unterschied. Vergleicht man den zeitlichen Verlauf in Abbildung 6-26 einer vertikalen (a) mit deren der horizontalen Anfangsmischung (b) so wird deutlich, dass diese eine wesentlich langsamere Vermischung der Komponenten aufweist. Dies kann durch die weitaus geringere vertikale Austauschfläche zwischen den Komponenten begründet werden. Eine Approximation der Mischgüteverläufe mittels dem dynamischem Modell erster Ordnung erfolgt mit guter Übereinstimmung. Lediglich bei einer mittleren normierten Fluidisationsgeschwindigkeit $u^* = 21$ steigt die Mischgüte zu Beginn rapide an, verlangsamt sich und folgt dem Verlauf einer PT1-Sprungsantwort.

Des Weiteren begünstigt das im Ringspalt eintretende Gas und damit die vertikale Fluidisation die Durchmischung signifikant. Daraus lässt sich zudem folgern, dass die von der Rotorscheibe in das Partikelbett eingebrachte Energie nicht ausreicht, um die für die Durchmischung benötigte radial/axiale Umwälzbewegung hervorzurufen. In Abbildung 6-27 sind Momentaufnahmen des Mischungszustands sowie die aus der DEM-Simulation korrespondierenden, abgeleiteten mittleren axialen/radialen Geschwindigkeitsfelder als Schnittdarstellung für die normierten

Fluidisationsgeschwindigkeiten $u^* = 21$ und 32 sowie für den Fall ohne Fluidisation $u^* = 0$ dargestellt. Diese zeigt eine Momentaufnahme des simulierten Mischungsprozesses nach einer Mischzeit von 1.5 Sekunden. Als Randbedingung wurde eine horizontale Anfangsmischung definiert.

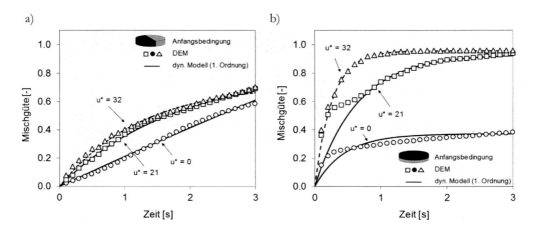

Abbildung 6-26: Zeitliche Mischungsgüte einer Zwei-Komponentenmischung in Abhängigkeit der Fluidisationsgeschwindigkeit für vertikale (a), und horizontale (b) Anfangsmischungen bei 300 Upm.

Bei der Betrachtung ohne Fluidisation ($u^* = 0$) ist eindeutig zu sehen, dass die Grenzfläche zwischen den Komponenten nahezu dem Anfangszustand entspricht und keine Durchmischung stattfindet. Dabei handelt es sich nahezu um eine Scherung der beiden Fraktionen bei welcher kein Partikeltransfer in axialer Richtung stattfindet. Anders zeigt sich dies bei höheren Fluidisationsgeschwindigkeiten. Vergleicht man nun das Geschwindigkeitsfeld mit dem des Mischungszustandes, so ist wiederum klar die Umwälzbewegung mit dem im Zentrum vorhandenen Ruhepunkt zu erkennen. Blau steht für eine niedrige Partikelgeschwindigkeit. Die höchsten Partikelgeschwindigkeiten treten, wie erwartet, im Bereich des Gasspaltes auf. Zudem unterscheiden sich Betthöhe sowie die Oberflächenform, von konvex für niedrige und konkav für hohe Fluidisation.

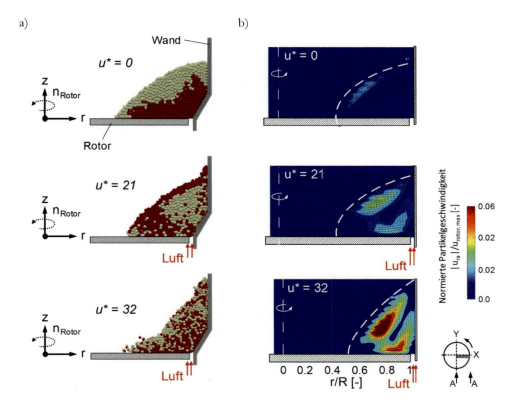

Abbildung 6-27: Momentaufnahme des Mischungszustandes (a), normiertes radiales/axiales Geschwindigkeitsfeld (b) für unterschiedliche Fluidisationsgeschwindigkeiten bei t = 1.5 s und n_{Rotor} = 300 Upm.

Beschreibt man den Mischungsprozess im Rotorgranulator als einen zufälligen, chaotischen Vorgang, so kann die Fluidisation als eine stochastische Bewegung, welche der tangentialen Hauptströmung überlagert ist, betrachtet werden. Diese Hypothese wird in Abschnitt 6.3.2 im Detail diskutiert.

6.3.1.2 Variation der Rotordrehzahl

Wie schon in den vorangegangenen Analysen dargestellt, hängt der Mischgüteverlauf von vielen Faktoren, wie z.B. Partikelgröße oder der Art des Mischwerkzeuges, ab. Zunächst soll der Einfluss der Rotorgeschwindigkeit auf das Mischverhalten untersucht werden. Um dies deutlich darzustellen, wurden Mischungsvorgänge bei unterschiedlichen Rotorgeschwindigkeiten jeweils mit und ohne Einfluss der Fluidisation simuliert. Die Anordnung der Anfangsmischung spielt in diesem Fall eine einflussreiche Rolle auf den zeitlichen Mischgüteverlauf. Die in Abbildung 6-28 dargestellten horizontalen und vertikalen Anfangsmischungszustände stellen unterschiedliche Formen der Verläufe dar. So sind bei einer vertikalen Anfangsanordnung (Abbildung 6-28a) und ohne Fluidisationsluft deutlich kürzere Mischungszeiten zu erwarten. Die tangentiale Hauptmischungsrichtung begünstigt in diesem Fall den Partikelaustausch der beiden Komponenten an deren Grenzfläche. Dies ist auch bei sehr geringen Rotorumdrehungsgeschwindigkeiten ($Fr = 1$) der Fall, jedoch stellt sich eine Durchmischung zeitlich betrachtet wesentlich langsamer ein. Vergleicht man im Gegenzug den Mischgüteverlauf bei horizontaler Anfangsschichtung, so wird deutlich, dass sich hier eine homogene Mischung nur nach „sehr" langer Mischzeit bzw. für die in den Simulationen betrachteten Konfigurationen nie einstellen wird. Auffällig bei diesen Betrachtungen ist die abweichende Form der zeitlichen Mischungsgüte bei einer sehr niedrig gewählten Rotordrehzahl.

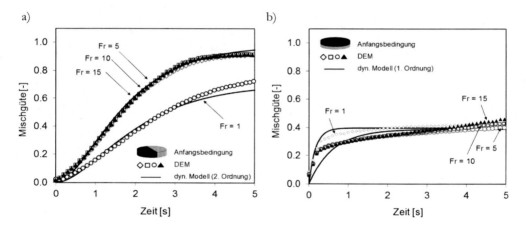

Abbildung 6-28: Zeitliche Mischungsgüte einer Zwei-Komponentenmischung in Abhängigkeit der Rotorgeschwindigkeit für vertikale (a), und horizontale (b) Anfangsmischungen ohne Fluidisation.

Betrachtet man nun diese Fälle außerhalb der Zeitachse und bezieht den Mischungsgüteindex auf die Anzahl der tatsächlich stattgefundenen Umdrehungen der Rotorscheibe, so veranschaulicht Abbildung 6-29 ein deutlich differentes Profil. Bei gleicher Anzahl an Umdrehungen der Rotorscheibe stellt sich bei geringeren Rotorgeschwindigkeiten ein weitaus höherer Mischungsgrad ein. Wie schon aus den Untersuchungen zur granularen Strömung bekannt, ist bei Drehzahlen im Bereich 100 – 300 Upm ein wesentlich höherer Energieeintrag vom Rotor auf das Partikelbett zu erwarten. Damit erhöht sich auch der tangentiale Partikeltransport relativ zur Rotorscheibe. Dieser Effekt ist sowohl bei vertikalen als auch horizontalen Anfangsmischungen erkennbar. Jedoch stellt sich bei dieser Betrachtung bei der horizontalen Anordnung, wie schon in der zeitlichen Betrachtung dargestellt, ein wesentlich niedrigerer Vermischungsgrad ein. Zudem ist in diesen Fällen ein deutlicher Trend zwischen Fr-Zahl und zeitlicher Mischungsgüte zu erkennen.

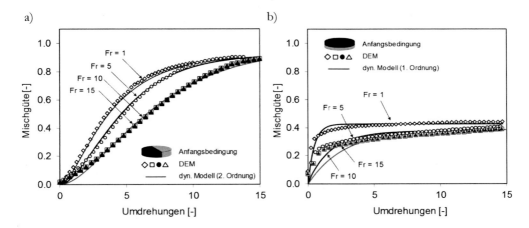

Abbildung 6-29: Umdrehungsabhängige Mischungsgüte einer Zwei-Komponentenmischung in Abhängigkeit der Rotorgeschwindigkeit für vertikale (a), und horizontale (b) Anfangsmischungen ohne Fluidisation.

Im Weiteren soll die Betrachtung der Prozessparameter, wie der Rotorgeschwindigkeit unter Berücksichtigung der Fluidisation im Rotorapparat untersucht werden. Für beide Anfangsmischungszustände (vertikal und horizontal) wurde jeweils die Rotordrehzahlen (Fr = 5 und 15) bei konstanter Fluidisationsgeschwindigkeit u^* = 32 variiert. Die Ergebnisse aus den DEM-Simulationen zeigen nach Abbildung 6-30 lediglich einen geringen Einfluss der Rotordrehzahl auf das Mischungsergebnis unter Berücksichtigung der Fluidisation. Vergleicht man nun die zeitlichen Vermischungsgrade für die unterschiedlichen Anfangsmischungszustände, so bestätigt sich die Annahme, dass die Rotordrehzahl weder eine Beeinflussung auf den Anfangszustand der Mischung, noch auf die Fluidisationsluft hat. Der Effekt der Fluidisation hat dabei gegenläufige Auswirkungen. Bei horizontaler Anfangsbedingung stellt sich schon nach wenigen Umdrehungen ein hoher Mischungsgrad (95 %) ein. Im Gegensatz dazu ist nach 15 Rotorumdrehungen bei horizontaler Anfangsmischung lediglich ein Mischungsgrad von 40 % zu erkennen.

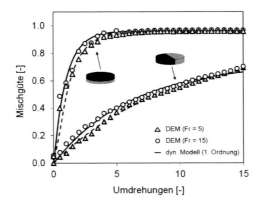

Abbildung 6-30: Mischgüteverläufe für unterschiedliche Rotorgeschwindigkeiten und Anfangsbedingungen bei $u^* = 32$.

Für das Erreichen kürzerer Mischzeiten und homogener Mischungsgrade ist unter Berücksichtigung einer monodispersen Partikelverteilung lediglich der Anfangszustand bzw. der Ort der Dosierung der einzelnen Mischungskomponenten maßgeblich. Zudem begünstigen tendenziell hohe Fluidisationsgeschwindigkeiten das Mischverhalten maßgeblich.

6.3.2   Bestimmung der Transport- und Dispersionskoeffizienten

Die Betrachtung von Mischprozessen anhand von zeitlichen Mischgüteverläufen bzw. der statischen Varianzen ist in einigen Fällen nicht möglich. Abbildung 6-28 zeigt deutlich, dass sich bei unterschiedlichen Prozessparametern derselbe zeitliche Mischgüteverlauf einstellt. So sind Vorabschätzungen zur Mischungsgüte schwierig vorherzusagen. Durch das in Abschnitt 3.2 vorgestellte stochastischen Modell nach Fokker und Planck lassen sich mittels der Transport- und Dispersionskoeffizienten Aus- und Vorhersagen zu Mischgüte im Rotorgranulator treffen.

Betrachtet man nun einen Mischprozess anhand der Bewegung einzelner oder einer Vielzahl an Partikeln, so wird dieser maßgeblich von den Interaktionen zwischen den Partikeln oder dem Mischwerkzeug (Rotorscheibe) bestimmt. Jedes Partikel wiederfährt innerhalb eines definierten Zeitintervalls eine Verschiebung aufgrund von Kollisionen. Für anisotropische Mischprozesse wird dies durch Verschiebungsdichteverteilungen in tangentiale-, radiale und axiale Richtung ausgedrückt.

Abbildung 6-31 illustriert wie sich die Partikel bezogen auf ihren Anfangszustand zum Zeitpunkt $t = 0$ für den definierten Zeitraum einer Rotorumdrehung τ bewegen. In den dargestellten Fällen wurden Mischprozesse mit unterschiedlichen Rotordrehzahlen n_{Rotor} = 77; 173 244; 300; 600 (Fr = 1; 5; 10; 15; 60) ohne den Einfluss von Fluidisationsluft simuliert. Die Bettmasse (750 g) sowie Partikeleigenschaften (siehe Tabelle 6-1) wurden konstant gehalten. Die Partikeltrajektorien bzw. Partikelverschiebungen werden mit einem Zeitintervall $t = 0.01$ s gespeichert und in Zylinderkoordinaten (R, φ und z) transformiert. Als Bezugsgröße für den gesamt betrachteten Zeitraum wird eine Rotorumdrehung τ definiert und die Partikelverschiebungen als normierte Größen dargestellt.

In tangentialer Bewegungsrichtung (Abbildung 6-31a) verläuft die Partikelverschiebung ausschließlich in positiver Richtung und wird anhand der mittleren Verschiebung $<R\Delta\varphi>$ ausgedrückt. Diese folgen der tangentialen Rotorbewegungsrichtung und stimmen mit den vorangegangenen Aussagen, dass bei niedrigen Rotordrehzahlen eine höhere tangentiale Mobilität zu erwarten ist, überein. Somit existiert keine Rückvermischung in der tangentialen Raumrichtung. Des Weiteren ist klar zu erkennen, dass bei niedriger Drehgeschwindigkeit eine wesentlich breitere Dichteverteilung bzw. Gradienten im Partikelkollektiv auftritt. Mit steigender Fr-Zahl wird diese schmaler und die mittlere Mobilität verringert sich signifikant. Beispielsweise ist bei $Fr = 60$ nur noch ein Fünftel der Partikelmobilität zu erwarten.

Die radialen (ΔR)- und axialen (Δz) Verschiebungsdichteverteilungen zeigen im Gegensatz dazu eine symmetrische Form. Hier sind die Anteile in positiver als auch negativer Verschiebung nahezu gleich und damit ergibt sich eine gesamte mittlere Partikelkonvektion von Null. Zudem liefern axiale und radiale Verteilungen ähnliche Werte (ΔR $\approx \Delta$z). Durch die Variation der Rotorgeschwindigkeit verändern sich Form der Dichteverteilung unwesentlich. Jedoch wird deutlich, dass eine Erhöhung der Umdrehungsgeschwindigkeit zu einer engeren Verteilung der Mobilität führt.

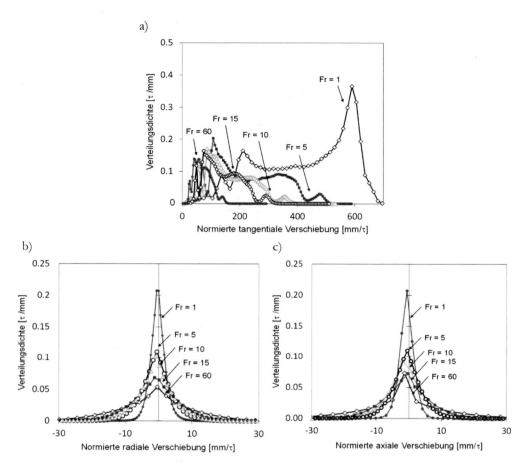

Abbildung 6-31: Dichteverteilung der normierten Partikelverschiebung für unterschiedliche Rotordreh-geschwindigkeiten in tangentialer (a), radialer (b) und axialer (c) Raumrichtung.

Ableitung der Transport- und Dispersionskoeffizienten

Betrachtet man nun die axiale sowie radiale Partikelbewegung im Detail, so tritt sehr wohl ein Transport in diese Richtungen auf. Verfolgt man beispielsweise die Trajektorie eines einzelnen Partikels und vernachlässigt dabei die tangentiale Bewegungsrichtung zeigt dies, dass die Partikel gleichzeitig an der Rotorscheibe in Richtung Außenwand (positiv) und an der Bettoberfläche in Richtung Zentrum (negativ), anhand der sogenannten „Umwälzbewegung", strömen. Dies gilt analog für die axiale Richtung.

Für die makroskopische Beschreibung gilt jedoch, dass sich positive und negative Bewegungsrichtungen nahezu aufheben. Bei Rotorgranulatoren handelt es sich im Allgemeinen um einen diskontinuierlichen Mischungsprozess. Unterschiedlich zu kontinuierlichen Mischern existiert in dieser Betrachtung für das geschlossene System kein Transport über die Systemgrenzen in axialer bzw. radialer Richtung hinaus. So würde beispielsweise ein radialer oder axialer Transportkoeffizient ungleich Null, eine Partikelströmung durch die Apparatewand oder Rotorscheibe bedeuten. Für diskontinuierliche Prozesse existiert deshalb lediglich ein tangentialer Transportkoeffizient und somit: $U_r = 0$ und $U_z = 0$.

Um den Anteil an konvektiven und disperseren Einflüssen darzustellen wird im Folgenden die dimensionslose Peclet-Zahl (Pe) eingeführt. Diese beschreibt das Verhältnis von Transportkoeffizienten U, multipliziert mit der charakteristischen Länge 2π zum Dispersionskoeffizienten D_t für die betrachtete tangentiale Richtung:

$$Pe_t = \frac{U_t\, 2\pi\, R}{D_t} \; .$$

(6.2)

Um die Koeffizienten besser vergleichen zu können, werden daher die Dispersionskoeffizienten auf die Umfangsgeschwindigkeit des Rotors und den Partikeldurchmesser normiert. Daraus ergibt sich ein normierter Dispersionskoeffizient D^* für die Raumrichtung j nach (Campbell, 1997):

$$D_j^* = \frac{D_j}{d_p\, R_{rotor}\, \omega_{rotor}}$$

(6.3)

Zunächst wurden die Mischungseigenschaften sowie Transport-und Dispersionskoeffizienten in Abhängigkeit der Rotorgeschwindigkeit numerisch untersucht. Abbildung 6-32 zeigt deutlich, dass der normierte Dispersionskoeffizient in tangentialer Richtung signifikant höher ausfällt als die radialen bzw. axialen Dispersionskoeffizienten. Um eine bestmögliche Durchmischung des Partikelbettes zu erreichen um damit kurze Mischzeiten zu realisieren, sind hohe Dispersionskoeffizienten ein Maß für ausgeprägte Vermischungsvorgänge. Betrachtet man nun die unterschiedlichen Koeffizienten in Abhängigkeit der Rotordrehzahl so sei darauf hingewiesen, dass sich die Betrachtung lediglich auf die Anzahl an Umdrehungen und nicht auf einen definierten Zeitraum bezieht. Bei konstanten Mischzeiten ergibt sich für höhere Rotorgeschwindigkeiten somit auch eine höhere Anzahl an Rotorumdrehungen und damit automatisch unterschiedliche maximale Weglängen in diesem betrachteten Zeitraum.

Betrachtet man die absoluten Größen der normierten Dispersionskoeffizienten in Abbildung 6-32, so tritt das Maximum im unteren Drehzahlbereich von 100 bis 250 Upm (Fr = 1 bis 5) auf und verringert sich signifikant mit Anhebung der Rotordrehzahl. Zusätzlich ist in diesem Drehzahlbereich das Verhältnis zwischen Konvektion und Dispersion (Peclet-Zahl) am größten.

Die normierten radialen und axialen Dispersionskoeffizienten nehmen für alle betrachteten Fälle nahezu identische Größen ein. Jedoch fallen, abgesehen von niedrigen Drehzahlbereichen, radiale Dispersionskoeffizienten etwas höher aus. Im Allgemeinen führt eine Erhöhung der Rotordrehzahl zu einer Verringerung der Dispersion und zugleich zu einer geringfügigen Erhöhung der konvektiven Mechanismen im Rotorgranulator. Die dimensionslosen Peclet-Zahlen liegen für diese Fälle nahe konstant im Bereich von 200 bis 250.

Vergleicht man diese Phänomene mit den Ergebnissen der numerischen Mischungsanalyse aus Kapitel 6.3.1.1, Abbildung 6-29, bestätigen diese, dass sich ein Optimum bei Mischungsvorgängen im Rotorgranulator im unteren Drehzahlbereich einstellt. Eine Begründung dafür ist in der Energieübertragung zwischen Rotorscheibe und dem Partikelbett zu finden. Im Gegensatz zu Mischern mit festen oder beweglichen Mischwerkzeugen wird eine Bewegung auf das Partikelbett unter der Vernachlässigung der Fluidisationsgeschwindigkeit lediglich von der glatten Rotorscheibe im unteren Partikelbett eingebracht. Dieser Einfluss verringert sich mit zunehmender Betthöhe und die daraus resultierende Scherbewegung stellt den sogenannten Geschwindigkeitsgradienten in axialer Richtung und damit den deutlich höheren abgeleiteten tangentialen Dispersionskoeffizienten dar. Bei niedrigen Rotordrehzahlen fällt somit der „Schlupf" zwischen Rotorscheibe und Partikelbett wesentlich geringer aus und damit der Geschwindigkeitsgradient über die Betthöhe. Dies wird in der Dichteverteilung der Partikelverschiebungen in Abbildung 6-31 für geringe Drehzahlen deutlich.

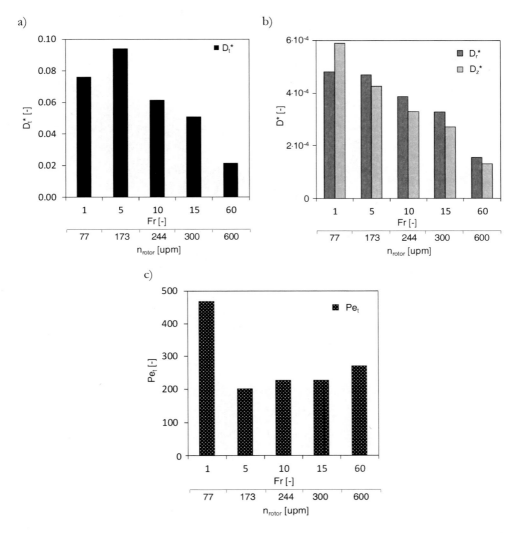

Abbildung 6-32: Einfluss der Rotorgeschwindigkeit auf die dimensionslosen Dispersionskoeffizienten (a-b) und Peclet-Zahl (c).

Im nächsten Schritt wurden die Dispersionseigenschaften im Rotorgranulator unter dem zusätzlichen Einfluss der Fluidisationsgeschwindigkeit ($u^* = 10$; 21 und 32) bei einer konstanten Rotordrehzahl $n_{Rotor} = 300$ Upm ($Fr = 15$) analysiert. Zum besseren Vergleich sind in den folgenden Darstellungen zusätzlich Ergebnisse aus den Untersuchungen ohne Fluidisation ($u^* = 0$) angeführt. Vergleicht man nun nach selbigen Vorgehen die Dichteverteilungen der normierten

Partikelverschiebung bezogen auf eine Rotorumdrehung, welche in dieser Betrachtung auch der selben Zeitperiode entspricht, so ergeben sich ähnliche Verläufe wie in den Untersuchungen durch Variation der Rotorgeschwindigkeit (Abbildung 6-33). Für die tangentiale Verschiebungsrichtung existieren reine positive Größen und damit keine Rückvermischung. Für Fälle unter Berücksichtigung der Partikelfluidisation ergeben sich nahezu identische Wahrscheinlichkeitsverteilungen der Partikelverschiebung mit einem ausgeprägten Modalwert. Die ähnlichen Verläufe bei unterschiedlicher Fluidisation deuten auf einen geringen Einfluss auf die tangentiale Mobilität der Partikel hin. Zusätzlich sind für die radialen und axialen Partikelverschiebungen bei unterschiedlichen Fluidisationsgeschwindigkeiten nahezu symmetrische Verteilungen zu erkennen (Abbildung 6-33b-c). Damit existieren für diese Fälle ebenso keine Transportkoeffizienten ($U_r = 0$ und $U_z = 0$). Jedoch ist bei höheren normierten Fluidisationsgeschwindigkeiten $u^* = 32$ eine Bi-modalität für die radiale- und axiale Bewegungsrichtung sowie im Allgemeinen eine breitere Verteilung zu erkennen. Dies deutet, wie zu erwarten, auf eine höhere Mobilität der Partikel aufgrund der zusätzlichen Fluidisation hin.

Die aus den Wahrscheinlichkeitsdichteverteilungen für unterschiedliche Fluidisations-geschwindigkeiten abgeleiteten normierten Dispersionskoeffizienten sowie Peclet-Zahlen sind in Abbildung 6-34 dargestellt. Unter minimaler bzw. keiner Fluidisation ergeben sich für die tangentiale Dispersion Maximalwerte welche sich mit zunehmender Fluidisation nahezu halbieren. Ähnlich verhalten sich die Peclet-Zahlen, die sich verkehrt proportional zur Dispersion verhalten. Der Einfluss der Fluidisation zeigt deutlich einen Anstieg der tangentialen Konvektion und damit einen gerichteten Massenstrom. Unter diesen Bedingungen ergibt sich ein geringerer Gradient im tangentiale Geschwindigkeitsfeld. Dies würde im Umkehrschluss bedeuten, dass die Mischungscharakteristik sich mittels Fluidisation verschlechtern würde. Bei dieser Hypothese wurde der Einfluss der radialen/axialen Dispersion vernachlässigt. Dies ist bei der Betrachtung von komplexen Mischvorgängen in der Kombination von Rotorscheibe und Gasströmung mittels Fluidisation essentiell. Dabei handelt es sich um eine Überlagerung der einzelnen Mischmechanismen. So wird durch die Anwesenheit der axial gerichteten Gasströmung die Dispersion maßgeblich von dieser beeinflusst. Beispielsweise liegen bei einer hohen normierten Fluidisationsgeschwindigkeit ($u^* = 32$) der axiale und radiale dimensionslose Dispersionskoeffizient bei ungefähr $D_r^{'} \approx D_z^{'} = 0.01$. Bei geringer Fluidisation hingegen sind diese um den Faktor 10 niedriger.

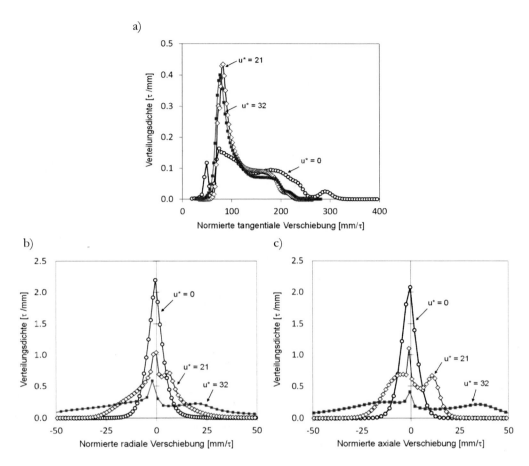

Abbildung 6-33: Dichteverteilung der normierten Partikelverschiebung für unterschiedliche Fluidisations-geschwindigkeiten in tangentialer (a), radialer (b) und axialer (c) Raumrichtung.

Die aus dem Konvektion-Dispersions-Modell abgeleiteten Erkenntnisse bestätigen die Ergebnisse aus der numerischen wie auch aus der experimentellen zeitlichen Mischungsanalyse (Kapitel 6.3.1.1 und 6.3.3). Berücksichtigt man zusätzlich neben der Rotordrehzahl und der Fluidisationsgeschwindigkeit den Anfangsmischungszustand, so wird deutlich, dass dieser in Bezug auf die tangentiale Hauptströmungsrichtung eine wesentliche Rolle spielt. Exemplarisch stellt sich für vertikale Anfangsmischungszustände (Abbildung 6-26) aufgrund des bei geringerer Fluidisation niedrigeren normierten Dispersionskoeffizienten eine längere Mischzeit ein.

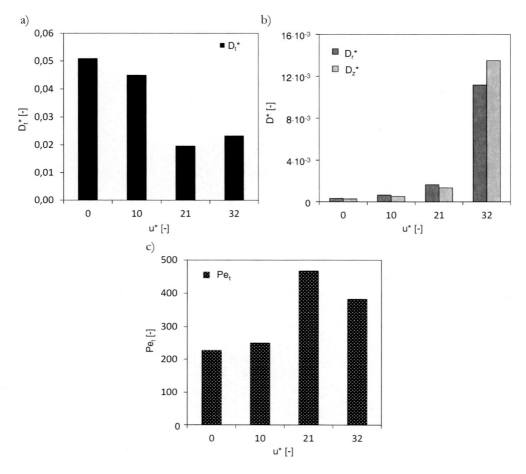

Abbildung 6-34: DEM simulierte Dichteverteilung der Partikelverschiebung für unterschiedliche Fluidisationsgeschwindigkeiten.

Grundsätzlich sind bei industriellen Mischprozessen möglichst niedrige Mischzeiten erwünscht. Basierend auf den in dieser Analyse gezeigten Ergebnissen wären hohe Dispersionskoeffizienten und damit ein effektiver Mischprozess bei niedrigen Rotordrehzahlen zu erreichen. Jedoch verlangt das Rotorgranulationsverfahren neben einer guten Mischungscharakteristik zusätzlich hohe Partikel-Sphärizität und eine damit erforderliche hohe Rotordrehzahl. Damit ist die Wahl der Prozessparameter neben der Mischungscharakteristik von Zielgrößen, wie beispielsweise Partikelfestigkeit, Homogenität, Oberflächenbeschaffenheit oder Sphärizität abhängig.

6.3.3 Experimentelle Bestimmung der zeitlichen Mischgüte im Rotorgranulator

In diesem Abschnitt werden die Ergebnisse aus den experimentellen Mischungsanalysen präsentiert und mit den Ergebnissen der gekoppelten CFD-DEM-Simulation aus Kapitel 6.3.1 verglichen. Die untersuchten Einflussparameter sind dabei die Rotordrehzahl, Fluidisationsgeschwindigkeit sowie der Anfangsmischungszustand. Das Ziel der Untersuchung ist es, den Einfluss der Prozessparameter auf den Mischungsvorgang zu analysieren sowie die Validierung des CFD-DEM-Modelles. Da der experimentelle Aufbau des Glatt Rotor 300 einen Betrieb ohne Prozessluft bzw. den reinen Einfluss der Rotordrehzahl aufgrund des vorhandenen Ringspaltes nicht zulässt, werden in den folgenden Analysen ausschließlich beide Prozessparameter zusammen betrachtet. Bei einem Betrieb ohne Prozessluft würden Partikel durch den Ringspalt fallen und sich die Prozesskammer kontinuierlich entleeren.

Die Betrachtung der Mischungsvorhänge bezieht sich auf ein Zweikomponenten Gemisch eines monomodalen Partikelsystems aus Mikrokristalline Cellulose-Partikel (Cellets® 1000, HARKE Group) mit selben physikalischen Eigenschaften (Tabelle 6-1), jedoch unterschiedlicher Färbung (schwarz und weiß). Exemplarisch zeigt Abbildung 6-35 den zeitlichen Mischprozess mit einen vertikalen, vollständig entmischen Anfangszustand aus zwei unterschiedlichen Betrachtungsrichtungen, der Drauf- und Frontalansicht.

a)

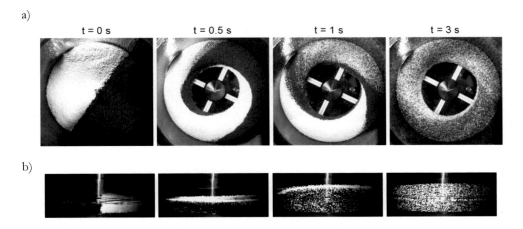

Abbildung 6-35: Momentaufnahmen der zeitlichen Mischung im Rotorgranulator einer Zweikomponentenmischung Draufsicht (a), Seitenansicht (b).

In den gezeigten Aufnahmen ist eine tangentiale Hauptströmungsrichtung mit höherer Partikelgeschwindigkeit im inneren Bereich deutlich zu erkennen. Schon nach wenigen Umdrehungen stellt sich eine nahezu homogene Mischung ein. Auch beeinflusst die Bettexpansion in radialer Richtung die Mischungseffekte. Dies ist deutlich in der Seitendarstellung nach Abbildung 6-35b zu sehen. Dabei handelt es sich um eine nahezu reine Scherung und der anschließende vertikale Partikeltransport aufgrund der Fluidisation. Da es sich bei der Rotorgranulation um einen äußerst schnellen Mischungsprozess handelt, ist die Analyse anhand einer direkten Probenahme, d.h. die Entnahme von Partikeln während des Mischens, nicht möglich. Ziel dieser Arbeit war, eine Methode zur Bestimmung der Mischungscharakteristik mittels Hochgeschwindigkeitskamera und digitaler Bilder zu realisieren. Die Auswertung erfolgt anhand von Hochgeschwindigkeitsaufnahmen und der Einzelbildauswertung mittels eines in Matlab® (Bildverarbeitung) programmierten Auswertealgorithmus. Es sei darauf hingewiesen, dass es sich bei dieser Methode um eine zweidimensionale Betrachtung handelt und Mischungsgrade lediglich an der Bettoberfläche analysiert werden.

Die Bestimmung des zeitlichen Mischgüteverlaufes erfolgt nach der in Kapitel 4.2 beschriebenen Methode anhand von 125 Einzelproben in der Draufsicht und 90 Einzelproben in der Seitenansicht mit einer Rate von 100 Bildern pro Sekunde. Die in Abbildung 6-36 dargestellten „Bildproben" sind mit einem konstanten Durchmesser von 40 Pixel (15 mm) gleichmäßig über das Partikelbett verteilt und über den betrachteten Zeitraum örtlich unverändert. Zur Vermeidung von Anhaftungen von Partikel an den Kunststoffapparatewänden aufgrund von elektrostatischen Kräften, wurde der gesamte Aufbau geerdet und nach jeder Messung die Apparateoberflächen mit einem Antistatik-Spray behandelt.

Die Ergebnisse aus den experimentellen Mischungsuntersuchungen bestätigen, dass die Feststoff-Dispergierung im Rotorgranulator einen relativ schnellen Prozess darstellt. So zeigen die Momentaufnahmen in Abbildung 6-37 einen Vergleich der zeitlichen Mischgüte in Abhängigkeit der Nullmischung für eine vertikale und horizontale Anordnung. Betrachtet man nun bei vertikaler Anfangsmischung den zeitlichen Verlauf der Phasengrenze zwischen den beiden Komponenten, so wird deutlich, dass sich die schwarze Fraktion im inneren Bereich in tangentiale Bewegungsrichtung verteilt. Jedoch ist bei einer Mischzeit von $t = 0.5$ Sekunden noch eine deutliche Grenze zwischen den beiden Fraktionen zu erkennen. Dies bestätigt den in den MPT-Messreihen beschriebenen tangentialen Geschwindigkeitsgradienten. Im Vergleich dazu zeigt eine horizontale Nullmischung schon zu diesem Zeitpunkt einen wesentlich höheren Vermischungsgrad. Eine nahezu homogene Vermischung ist jedoch bei beiden

Anfangsmischungen nach wenigen Sekunden Mischzeit erreicht. Ein quantitativer Vergleich der Einflüsse der Prozessparameter wird durch die zeitlichen Mischgrade im folgenden Abschnitt gegeben. Die im Folgenden dargestellten Verläufe sind anteilig aus der Probenanzahl aus Drauf- und Seitenansicht gemittelt.

a)

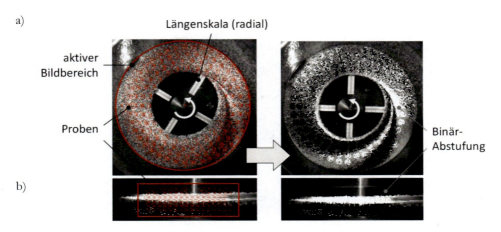

b)

Abbildung 6-36: Darstellung der Bildauswertung zur Bestimmung der Partikelkonzentration: Draufsicht (a), Seitenansicht (b).

a)

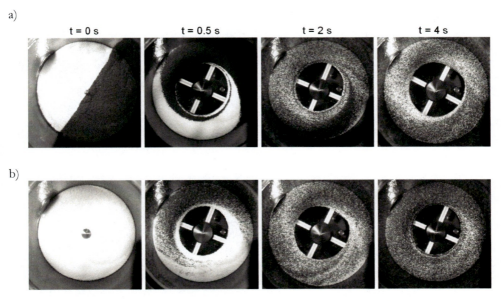

b)

Abbildung 6-37: Momentaufnahmen der zeitlichen Mischung im Rotorgranulator einer Zweikomponentenmischung für eine vertikale (a) und horizontale (b) Anfangsbedingung ($u^* = 32$; $n_{Rotor} = 300$ Upm, $m_{Bett} = 700$ g).

6.3.3.1 Variation der Fluidisationsgeschwindigkeit auf das Mischungsverhalten im Rotorgranulator

In Abbildung 6-38 wird die normierte Fluidisationsgeschwindigkeit (u^* = 10; 21 und 32) bei konstanter Bettmasse und Rotorgeschwindigkeit variiert. Grundsätzlich sind bei dieser Analysemethode Schwankungen bzw. ein „Signalrauschen" zu erkennen. Dies ist trotz vorrangiger Kalibrierung der Helligkeitsverteilung auf die Änderung der Betthöhe und daraus folgenden Bildschärfe als auch infolge dynamischer Schattenbildung der Einzelpartikel zu erklären. Dennoch sind für die durchgeführten Experimente eindeutige Verläufe zu erkennen.

Vergleicht man nun die Ergebnisse aus der gekoppelten CFD-DEM-Simulation bzw. dem Sprungantwort Modell mit dem experimentell bestimmten Entropieindex, so ist eindeutig zu erkennen, dass die Mischvorgänge im Modell bei horizontaler Anfangsmischung wesentlich schneller ablaufen. Dieser Trend zeigt sich bei u^* = 32 und 21 deutlich, wobei der Ziel-Index in beiden (Experiment und Modell) denselben Wert annimmt (Abbildung 6-38a). Diese Aussage kann bei einer vertikalen Anfangsmischung nicht bestätigt werden. Zwar verläuft der Mischprozess bei vertikaler Anordnung für alle betrachteten Fluidisationsgeschwindigkeiten wesentlich langsamer ab, jedoch stimmen hier Simulation und Experiment deutlich besser überein. Der Zielwert des Sprungantwort-Modells bei u^* = 21 liegt jedoch deutlich niedriger.

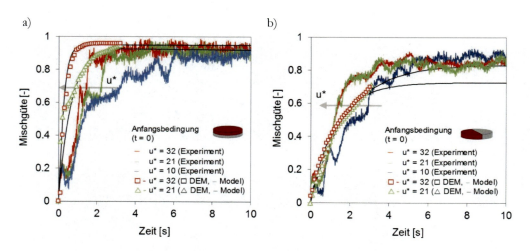

Abbildung 6-38: Zeitlicher Mischungsgüteverlauf in Abhängigkeit der Fluidisationsgeschwindigkeit für eine horizontale (a) und vertikale (b) Nullmischung für m_{Bett} = 700 g und Fr = 15 (n_{rotor}= 300 Upm).

Ein wesentlicher Unterschied zu den Ergebnissen aus den Simulationen sind Geometrieunterschiede und Fertigungstoleranzen im Bereich des Ringspaltes, welche zu unterschiedlichen Strömungsgeschwindigkeiten bzw. Druckverlusten führen. Das Einstellen der genauen Ringspaltfläche erweist sich beim experimentellen Aufbau wesentlich schwieriger. Ein zusätzlicher Unterschied sind die signifikanten „Einbrüche" bei den experimentellen Mischungsverläufen. Systematisch sinkt im Bereich von 0.5 bis 1 Sekunden und bei niedriger Fluidisation der Mischungsindex massiv ab und steigt anschließend wieder fortlaufend an. Einerseits wird lediglich die Mischqualität an der Bettoberfläche berücksichtigt und zum anderen ein feststehender Ausschnitt der Seitenansicht bei einem sich bewegenden Pulverbett analysiert. Dies führt, wie zu erwarten, zu den hohen Schwankungen im Verlauf. Vergleich man nun den Einfluss der Fluidisation, so ist ein eindeutiger Trend zu erkennen. Eine intensive Fluidisation beeinflusst die Vermischung positiv und führt damit zu niedrigeren Mischzeiten. Zudem ist der Vermischungsgrad in den ersten Rotorumdrehungen maßgeblich von dieser beeinflusst. Erst danach zeigt sich ein deutlicher Einfluss der Fluidisation auf den Mischgüteverlauf. Bei wesentlich niedrigerer Fluidisationsgeschwindigkeit ($u^* = 10$) zeigt sich dieser Effekt deutlicher.

6.3.3.2 Variation der Rotordrehzahl auf das Mischungsverhalten im Rotorgranulator

Die Ergebnisse zu den Mischversuchen unter der Variation der Rotorgeschwindigkeit $n_{Rotor} = 173; 300;$ und 600 Upm ($Fr = 5; 15$ und 60) sind in Abbildung 6-39 ebenfalls für horizontale und vertikale Nullmischungen dargestellt. Wie schon in den numerischen Untersuchungen zur Mischungscharakteristik gezeigt, hat die Rotorgeschwindigkeit einen deutlich geringeren Einfluss auf den zeitlichen Mischungsverlauf. Generell nimmt der Vermischungsgrad kontinuierlich zu und erreicht trotz unterschiedlicher Rotordrehzahl annähernd zum selben Zeitpunkt sein Maximum. Bei niedrigen Drehzahlen ($Fr = 5$) ist dieser Verlauf jedoch mit einer zeitlicheren Verschiebung zu erkennen. Der Einfluss des geringeren Energieeintrages bei hohen Drehzahlen ($Fr = 60$) auf das Partikelbett kommt in dieser Betrachtung geringer zum Tragen. Im Drehzahlbereich einer stabilen Prozessführung, welche zwischen 150 und 800 Upm liegt, ist mittels Variation der Rotorgeschwindigkeit keine signifikante Beeinflussung der Mischgüte zu erreichen. Zusammenfassend kann gezeigt werden, dass vielmehr die Bedingung der Anfangsmischung und hohe Fluidisationsgeschwindigkeiten die Mischzeit beeinflussen.

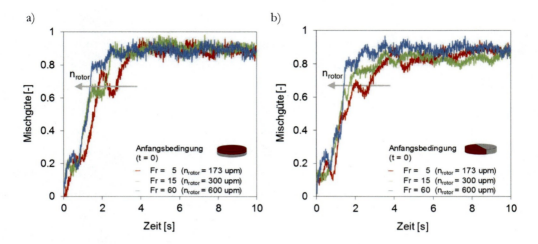

Abbildung 6-39: Zeitlicher Mischungsgüteverlauf in Abhängigkeit der Rotorgeschwindigkeit für eine horizontale (a) und vertikale (b) Nullmischung für $m_{Bett} = 700$ g und $u^* = 21$.

Vor allem konnte in dieser Arbeit gezeigt werden, dass eine bildanalytische Untersuchung zur Mischgüte eine probate Methode für sehr schnelle Mischdynamiken ist. Der relativ einfache Aufbau und Einsatz von Equipment nach Stand der Technik erlauben eine komplexe Betrachtung auf die Mischungscharakteristik im Rotorgranulator.

7 Zusammenfassung

In der vorliegenden Arbeit wurde die Gas-/Feststoffströmung, sowie das Feststoff-Mischverhalten in einem Wirbelschicht-Rotorgranulator, untersucht. Dabei wurde das komplexe granulare Strömungsverhalten experimentell mittels eines neuartigen Magnetischen Partikel-Verfolgungs-Messverfahrens und numerisch, anhand des gekoppelten CFD-DEM-Ansatzes, analysiert. Als Referenzanlage diente der Rotorgranulator Rotor 300 der Firma Glatt® mit tangentialem Sprühsystem und glatter Rotoroberfläche. Die Arbeit lässt sich in folgende Themengebiete einteilen:

- Der erste Teil befasst sich mit der Beschreibung eines neuartigen Messsystems zur dynamischen Einzelpartikelverfolgung anhand von magnetisch markierten Partikeln (Magnetische Partikel Detektierung - MPT), dessen Einsatzmöglichkeiten sowie Anwendbarkeit für Wirbelschicht- und Feststoffprozesse. Dieser Abschnitt beinhaltet ebenfalls eine Untersuchung nach der Methode der statistischen Versuchsplanung und zeigt die Abhängigkeiten der translatorischen und rotatorischen Partikelgeschwindigkeit auf die Betriebsparameter, Fluidisation und Rotorgeschwindigkeit unter der Berücksichtigung mit und ohne Eindüsung von Binderflüssigkeiten mit unterschiedlicher Viskosität.

- Der zweite Abschnitt umfasst eine numerische Mehrphasen-Strömungssimulation zur Darstellung und detaillierten Analyse der Einzelpartikeltrajektorien unter der Variation der Rotordrehzahl und Fluidisationsgeschwindigkeit.

- Im dritten Abschnitt werden die numerischen Ergebnisse aus der Strömungssimulationen in eine statistische Mischungscharakteristik und in ein stochastisches Modell nach Fokker und Planck übertragen und ableitbare Größen zur Charakterisierung des diskontinuierlichen Dispersionsverhaltens unter der Abhängigkeit der Betriebsparameter im Rotorgranulator vorgestellt. Die Ergebnisse für ein mono-disperses Zwei-Komponentengemisch wurden mit denen aus experimentellen Mischungsuntersuchungen verglichen und präsentiert.

Im ersten Abschnitt wurde ein neuartiges Messsystem zur Erfassung von magnetisch markierten Einzelpartikeln auf dessen Übertragbarkeit und Anwendung für Feststoffprozesse untersucht.

Dabei konnte im ersten Schritt durch statische und dynamische Positionsbestimmung einzelner magnetisch markierter Partikeln mit unterschiedlichen Abmessungen sowie Geometrien gezeigt werden, dass das eingesetzte Messsystem mit einer Messfrequenz von 200 Hz für die auftretenden Strömungsgeschwindigkeiten im Rotorgranulator ausreichend hohe Auflösungsgenauigkeiten und reproduzierbare Ergebnisse liefert. Ebenso konnten mit dem Messsystem sowohl lokale Geschwindigkeitsgradienten als auch zeitlich gemittelte dreidimensionale Strömungsfelder erfolgreich dargestellt werden. Erstmalig wurde in dieser Arbeit der Ansatz der „kompositären Markerpartikel" verfolgt und daraufhin eigens, spezielle magnetische Neodym/Polymer-Partikel hergestellt. Theoretische und experimentelle Analysen zeigten, dass sich diese in ihren physikalischen Eigenschaften (z.B. Dichte, Trägheitsmoment) sowie Kollisionsverhalten nur marginal von den nicht magnetischen Partikeln des Feststoffkollektives unterscheiden. Bei der Anwendung des Messsystems in Feststoffprozessen ist bei Nichtbeachtung dieser Unterschiede, die z.B. aufgrund unterschiedlicher Dichte zu Segregation führen können, die Ergebnisse als äußerst kritisch zu bewerten.

Die experimentellen Ergebnisse im Rotorgranulator aus den Strömungsuntersuchungen mittels der statistischen Versuchsplanung zeigen, dass die absolute Rotationsgeschwindigkeit der Partikel durch die Anwesenheit von Binderflüssigkeit deutlich herabgesenkt wird. Des Weiteren sind schon nach geringer Eindüsung von Flüssigkeit Feststoffanhaftungen an den Apparatewänden zu erkennen und damit die Mobilität der Einzelpartikel deutlich verringert. Diese Phänomene lassen, wie auch in den nachfolgenden Kapiteln dargestellt, auf eine verminderte Mischdynamik schließen. Unter trockenen Bedingungen zeigt sich die Fluidisationsgeschwindigkeit als hauptsächlicher Einflussparameter auf die translatorische als auch rotatorische Einzelpartikelgeschwindigkeit. Der Prozessparameter Rotordrehzahl stellt in diesen Untersuchungen nahezu keine Einflussgröße auf die Partikelgeschwindigkeit als auch auf das Mischverhalten dar. Schlussfolgernd lässt sich feststellen, dass das Messsystem zur magnetischen Partikelverfolgung für die Anwendbarkeit in der Verfahrenstechnik ein hohes Potential besitzt. Jedoch ist eine Weiterentwicklung im Bereich der Erhöhung der Messfrequenz und Abschirmung äußerer Störeinflüssen unerlässlich. Des Weiteren sollte in zukünftigen Arbeiten ein Fokus auf die Verringerung der einsetzbaren Partikelgrößen sowie dessen Herstellungsmethoden gelegt werden.

Die numerische Betrachtung der komplexen Gas-Feststoffströmungen im Rotorgranulator wurde nach dem Euler-Lagrange Ansatz mittels dem System einer gekoppelten numerischen Strömungsmechanik mit der Diskrete-Elemente-Methode (CFD-DEM) durchgeführt. Die aus den axialen, radialen und tangentialen Einzelpartikelverschiebungen ableitbaren normierten

Dispersions- und Transportkoeffizienten zeigen vor allem bei hohen Fluidisationsgeschwindigkeiten eine starke Partikelmobilität und damit gute Mischungsergebnisse. Dabei treten in tangentialer Strömungsrichtung die höchsten Dispersionskoeffizienten auf. Radiale und axiale Koeffizienten werden maßgeblich durch die Fluidisation beeinflusst. Insgesamt konnte gezeigt werden, dass die Anfangsmischungszustände den hauptsächlichen Einfluss auf die zeitliche Mischungsgüte besitzen. Jedoch weisen Rotorgranulatoren im Vergleich mit anderen Feststoffmischern sehr gute Mischeigenschaften auf und erreichen unter den dargestellten Bedingungen bereits nach wenigen Rotorumdrehungen eine homogene Feststoffmischung. Der direkte Vergleich zwischen den simulierten und experimentellen zeitlichen Mischungscharakteristiken zeigte zwar qualitative Übereistimmungen, jedoch werden aufgrund der eingesetzten Messtechnik quantitativ starke Unterschiede im Anfahrverhalten des Rotorgranulators ersichtlich. Insgesamt erwies sich die Verwendung der Diskreten-Elemente-Methode zur Beschreibung und Analyse der Feststoffphase hinsichtlich der Einzelpartikelbetrachtung aufgrund der deterministischen Beschreibung der Partikeldynamik als sehr gut geeignet.

Anhang

A Grundgleichungen

A-1 Mischungscharakteristik

Tatsächliche Mischzeiten werden in der Regel vom Stillstand des Mischers und des vollständig entmischten Zustands bis hin zu einem maximalen Mischungsgrades zeitlich bewertet. Ein geeignetes mathematisches Modell liefert hier die Sprungantwort eines Einheitssprunges für ein Model erster Ordnung (PT1-Glied)

$$M(t) = 1 - exp\left(-\frac{t}{\tau}\right) \qquad (A\text{-}1)$$

und Model zweiter Ordnung (PT2-Glied)

$$M(t) = 1 + \frac{\tau_1 \cdot exp\left(-\frac{t}{\tau_1}\right) - \tau_2 \cdot exp\left(-\frac{t}{\tau_2}\right)}{\tau_2 - \tau_1} \ . \qquad (A\text{-}2)$$

Dabei bezeichnet τ die charakteristische Mischzeit und M die Mischgüte als Funktion der Zeit t.

A-2 Partikelgrößenverteilung

Die kumulative Größenverteilung bzw. Verteilungssumme $Q_{r,i}(x)$ gibt für jeden Partikeldurchmesser x_i eines gesamten Partikelkollektives den Anteil von Partikeln an, welche einen Durchmesser gleich oder kleiner als x besitzen.

$$Q_{r,i}(x_i) = \frac{Teilmenge\ x_{min} \ .... x_i}{Gesamtmenge\ x_{min} \ .... x_{max}} \ . \qquad (A\text{-}3)$$

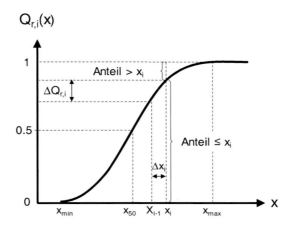

Abbildung A-1: Stetige Darstellung der Verteilungssumme von Partikelgrößen.

A-3 Minimale Partikelfluidisation

Die Bestimmung der minimalen Partikelfluidisationsgeschwindigkeit u_{mf} erfolgt in der Regel nach empirischen bzw. halb-emprische Ansätzen. Die empirische Approximation nach Wen und Yu (Wen und Yu, 1966a) mit

$$Re_{mf} = 33{,}7 \cdot \left(\sqrt{1 + 3{,}6 \cdot 10^{-5} \cdot Ar} - 1\right) \qquad \text{(A-4)}$$

gibt den Zusammenhang der Reynolds-Zahl im Fluidisationspunkt Re_{mf} und der dimensionslosen Archimedes-Zahl Ar und definieren sich wie folgt mit dem Partikel-Sauterdurchmesser $d_{3,2}$, der kinematische Viskosität ν, der Dichte ρ und der Erdbeschleunigung g.

$$Re_{mf} = \frac{u_{mf} \cdot d_S}{\nu_{Luft}} \qquad \text{(A-5)}$$

$$Ar = \frac{g \cdot d_S^{\,3}}{\nu_{Luft}^2} \cdot \frac{\rho_{Partikel} - \rho_{Luft}}{\rho_{Luft}} \qquad \text{(A-6)}$$

dem Sauter-Durchmesser d_s, der kinematischen Viskosität der Luft ν, der Erdbeschleunigung g und den Dichten ρ.

A-4 Froude Zahl

Die Froude-Zahl Fr bezeichnet eine dimensionslose Kennzahl die im Zusammenhang mit der Wirkung der Schwerkraft auftritt. Bei Mischern mit rotierender Einbauten oder Apparatewänden wird die Intensität der Drehbewegung durch das Verhältnis von Zentrifugalbeschleunigung zu Erdbeschleunigung g wie folgt definiert:

$$Fr = \frac{Trägheitskraft}{Schwerkraft} = \frac{R \cdot \omega^2}{g} \qquad (A-7)$$

Darin ist R der größte Radius des mit der Winkelgeschwindigkeit ω rotierenden Apparateteils.

B Liste der eingesetzten Messtechnik und Anlagen

B1 Rotorgranulationsanlage

Rotorgranulator aus Polymethylmethacrylat
gefertigt vom Institut V-3, TUHH

Seitenkanalverdichter
Elektror Verdichter, Werie Rietschle Typ SKG 420-2V
Freuquenzumrichter Omron JX – A4055-EF

Fluidisationsluft
Messumformer für Strömungsgeschwindigkeit
Airflow D12-65, 0-20 m/s (max. ± 0.3 m/s + 4 % v.MW.)

Rotor:
Servoantrieb, Kollmorgen AKM 54H-ACCNR, 2.58 kW
Servoverstärker, Kollmorgen SERVOSTAR 300

Rotorhöhenverstellung
Potentiometrischer Wegsensor, Burster, Typ 8709 | Messweg: 0…25 mm (max. ± 0.05 %)

Peristaltikpumpe
Medortex TBE / 200 84-1-8-6.4x1.6

Waage
Kern 572-45 Präzisionswaage

Flüssigkeitseindüsung
Schlick Zweistoffdüse, Modell 970 S4, 1.2 mm

B2 Messsystem zur magntischen Partikeldetektierung

Magtrack Monitoring-System, Innovent e.V.
Messsensorträger mit 36 Sensoreinheiten
Auswerteelektronik, 230VAC 50Hz, 0.011 bis 0.015 A/m digit, Messfreuquenz: 200 Hz

B3 Bildanalyse

Hochgeschwindigkeitskamera
Imaging Solution GmbH, MotionPro Y4-S2, 1 Mpixel, max. 108 000 fps

B4 Partikelgrößenanalyse und Sphärizität

Zur Bestimmung der Partikelgrößenverteilung und Partikel-Sphärizität erfolgte mittels einem optischen Partikelmessgerät. Die Erfassung der geometrischen Daten beruht dabei auf Hochgeschwindigkeitsaufnahmen. Es werden hierbei der projektionsflächenequivalente Durchmesser und die Sphärizität bestimmt.

Optischen Partikelmessgerätes, Retsch, Technology GmbH Camsizer XT Messbereich: 1 bis 8 mm

Literaturverzeichnis

Agarwal, G., Lattimer, B., Ekkad, S., Vandsburger, U., **2011**. Influence of multiple gas inlet jets on fluidized bed hydrodynamics using Particle Image Velocimetry and Digital Image Analysis. *Powder Technology* 214 (1), 122–134.

Alizadeh, E., Bertrand, F., Chaouki, J., **2014**. Discrete element simulation of particle mixing and segregation in a tetrapodal blender. *Computers and Chemical Engineering* 64, 1–12.

Anderson, T.B., Jackson, R., **1967**. Fluid Mechanical Description of Fluidized Beds. Equations of Motion. *Industrial and Engineering Chemistry Fundamentals* 6 (4), 527–539.

Antonyuk, S., **2006**. Deformations- und Bruchverhalten von kugelförmigen Granulaten bei Druck- und Stoßbeanspruchung. Dissertation.

Antonyuk, S., Heinrich, S., Tomas, J., Deen, N.G., Buijtenen, M.S., Kuipers, J.A.M., **2010**. Energy absorption during compression and impact of dry elastic-plastic spherical granules. *Granular Matter* 12 (1), 15–47.

Bertrand, F., Leclaire, L.-A., Levecque, G., **2005**. DEM-based models for the mixing of granular materials. *Chemical Engineering Science* 60 (8-9), 2517–2531.

Bornhöft, M., **1996**. k-Carrageenan: Ein neuer Pelletierhilfsstoff zur Feuchtextrusion/ Sphäronisation. Dissertation.

Boss, J., **1986**. Evaluation of the homogeneity degree of a mixture. *Bulk solids handling* (6), 1207–1215.

Bouffard, J., Bertrand, F., Chaouki, J., **2012**. A multiscale model for the simulation of granulation in rotor-based equipment. *Chemical Engineering Science* 81, 106–117.

Bouffard, J., Bertrand, F., Chaouki, J., Dumont, H., **2013**. Discrete element investigation of flow patterns and segregation in a spheronizer. *Computers and Chemical Engineering* 49, 170–182.

Bouffard, J., Dumont, H., Bertrand, F., Legros, R., **2007**. Optimization and scale-up of a fluid bed tangential spray rotogranulation process. *International Journal of Pharmaceutics* 335 (1-2), 54–62.

Bridgwater, J., **2012**. Mixing of powders and granular materials by mechanical means-A perspective. *Particuology* 10 (4), 397–427.

Broqueville, A. de, Wilde, J. de, **2009**. Numerical investigation of gas-solid heat transfer in rotating fluidized beds in a static geometry. *Chemical Engineering Science* 64 (6), 1232–1248.

Buist, K.A., van der Gaag, A.C., Deen, N.G., Kuipers, J.A.M., **2014**. Improved magnetic particle tracking technique in dense gas fluidized beds. *AIChE Journal* 60 (9), 3133–3142.

Campbell, C., **1997**. Self-diffusion in granular shear flows. *Journal of Fluid Mechanics* 348, 85–101.

Campbell, C., Brennen, C.E., **1985**. Computer simulation of granular shear flows. *Journal of Fluid Mechanics* (1), 151–167.

Cerea, M., Zheng, W., Young, C.R., McGinity, J.W., **2004**. A novel powder coating process for attaining taste masking and moisture protective films applied to tablets. *International Journal of Pharmaceutics* 279 (1-2), 127–139.

Chan, E.L., Washino, K., Ahmadian, H., Bayly, A., Alam, Z., Hounslow, M.J., Salman, A.D., **2015**. DEM investigation of horizontal high shear mixer flow behaviour and implications for scale-up. *Powder Technology* 270, 561–568.

Chandratilleke, G., Yu, A., Bridgwater, J., **2012**. A DEM study of the mixing of particles induced by a flat blade. *Chemical Engineering Science* 79, 54–74.

Chandratilleke, G., Yu, A., Stewart, R., Bridgwater, J., **2009**. Effects of blade rake angle and gap on particle mixing in a cylindrical mixer. *Powder Technology* 193 (3), 303–311.

Chaouki, J., **1997**. Non-invasive monitoring of multiphase flows. Elsevier, Amsterdam.

Chapman, S., Cowling, T.G., **1990**. The mathematical theory of non-uniform gases: An account of the kinetic theory of viscosity, thermal conduction and diffusion in gases. Cambridge University Press, Cambridge.

Cheng, X., Lechman, J.B., Fernandez-Barbero, A., Grest, G.S., Jaeger, H.M., Karczmar, G.S., Möbius, M.E., Nagel, S.R., **2006**. Three-Dimensional Shear in Granular Flow. *Physical Review Letters* 96 (3).

Cleary, P.W., Sinnott, M.D., **2008**. Assessing mixing characteristics of particle-mixing and granulation devices. *Particuology* 6 (6), 419–444.

Corwin, E.I., **2008**. Granular flow in a rapidly rotated system with fixed walls. *Physical Review E* 77 (3).

Crüger, B., Salikov, V., Heinrich, S., Antonyuk, S., Sutkar, V.S., Deen, N.G., Kuipers, J.A.M., **2016**. Coefficient of restitution for particles impacting on wet surfaces: An improved experimental approach. *Particuology* 25, 1–9.

Cundall, P., Strack, O., **1979**. Discrete numerical-model for granular assemblies. *Geotechnique* 29 (1), 47–65.

Daumann, B., **2010**. Untersuchungen zum Dispersions- und Transportverhalten von Feststoffmischungen unterschiedlicher Partikelgrößen in diskontinuierlichen Feststoffmischern. Dissertation.

Daumann, B., Nirschl, H., **2008**. Assessment of the mixing efficiency of solid mixtures by means of image analysis. *Powder Technology* 182 (3), 415–423.

Deen, N.G., van Sint Annaland, M., van der Hoef, M., Kuipers, J.A.M., **2007**. Review of discrete particle modeling of fluidized beds. *Chemical Engineering Science* 62 (1-2), 28–44.

Di Renzo, A., Di Maio, F.P., Girimonte, R., Formisani, B., **2008**. DEM simulation of the mixing equilibrium in fluidized beds of two solids differing in density. *Powder Technology* 184 (2), 214–223.

Dijksman, J.A., van Hecke, M., **2010**. Granular flows in split-bottom geometries. *Soft Matter* 6 (13), 2901.

Dopfer, D., **2009**. Konvektiver und disperser Massentransport in kontinuierlichen dynamischen Feststoffmischen, Dissertation.

Ebert, J., **2010**. Einfluss von Formulierungsparametern auf den Powder Layering und Dry Coating Prozess im Rotorgranulator, Dissertation.

Einstein, A., **1906**. Eine neue Bestimmung der Moleküldimensionen. *Annalen der Physik* 324 (2), 289-306.

Ergun, S., **1952**. Fluid flow through packed columns. *Chemical Engineering Progress Symposium* 48 (2), 89–94.

Fan, L.T., Chen, S.J., Watson, C.A., **1970**. Solids Mixing. *Industrial and Engineering Chemistry* 62 (7), 53–69.

Fick, A., **1855**. Ueber Diffusion. *Annalen der Physik* 170 (1), 59–86.

Finnie, G., Kruyt, N., Ye, M., Zeilstra, C., Kuipers, J.A.M., **2005**. Longitudinal and transverse mixing in rotary kilns: A discrete element method approach. *Chemical Engineering Science* 60 (15), 4083–4091.

Fokker, A.D., **1914**. Die mittlere Energie rotierender elektrischer Dipole im Strahlungsfeld. *Annalen der Physik* 348 (5), 810–820.

Fries, L., Antonyuk, S., Heinrich, S., Dopfer, D., Palzer, S., **2013**. Collision dynamics in fluidised bed granulators: A DEM-CFD study. *Chemical Engineering Science* 86, 108–123.

Fries, L., Heinrich, S., Palzer, S., Kuipers, J.A.M., **2012**. Discrete particle modeling of a fluidized bed granulator, Dissertation.

Fries, L., Salokov, S., Antonyuk, S., Heinrich, S., Dopfer, D., Palzer, S., **2011**. Agglomeration of amorphous food powders in a fluidised bed: Comparison of different granulator configurations: Editors: M. Hounslow, S. Palzer, A. Salman. *Proceeding 5th International Granulation Workshop*, 101.

Gajdos, B., **1983**. Rotorgranulatoren Verfahrenstechnische Bewertung der Pelletherstellung mit Hilfe der faktoriellen Versuchsplanung. *Die Pharmazeutische Industrie* (45), 722–728.

Gosselin, R., Duchesne, C., Rodrigue, D., **2008**. On the characterization of polymer powders mixing dynamics by texture analysis. *Powder Technology* 183 (2), 177–188.

Götz, S., **2006**. Gekoppelte CFD-DEM-Simulation blasenbildender Wirbelschichten. Dissertation.

Groebel, C.A., **2004**. Herstellung von Pellets durch Extrusion und Spheronisation: systematische Rezepturentwicklung als Grundlage für ein wissensbasiertes System, Dissertation.

Gryczka, O., Heinrich, S., Deen, N.G., Kuipers, J.A.M., Moerl, L., **2009a**. Three-Dimensional Computational Fluid Dynamics Modeling of a Prismatic Spouted Bed. *Chemical Engineering and Technology* 32, 470–481.

Gryczka, O., Heinrich, S., Deen, N.G., van Annaland, M.S., Kuipers, J.A.M., Jacob, M., Moerl, L., **2009b**. Characterization and CFD-modeling of the hydrodynamics of a prismatic spouted bed apparatus. *Chemical Engineering Science* 64, 3352–3375.

Gu, Z., Chen, J., **2014**. An analysis of the entropy of mixing for granular materials. *Powder Technology* 266, 90–95.

Guida, A., Nienow, A.W., Barigou, M., **2010**. Shannon entropy for local and global description of mixing by Lagrangian particle tracking. *Chemical Engineering Science* 65 (10), 2865–2883.

Halow, J., Holsopple, K., Crawshaw, B., Daw, S., Finney, C., **2012**. Observed Mixing Behavior of Single Particles in a Bubbling Fluidized Bed of Higher-Density Particles. *Industrial Engineering Chemistry Research* 51 (44), 14566–14576.

Salman, A.D., Hounslow, M.J, Seville, J.P.K., **2007**. Handbook of Powder Technology. Granulation. With assistance of L. Mörl, S. Heinrich, M. Peglow. 11 Elsevier, Amsterdam.

Hassanpour, A., Pasha, M., Susana, L., Rahmanian, N., Santomaso, A.C., Ghadiri, M., **2013**. Analysis of seeded granulation in high shear granulators by discrete element method. *Powder Technology* 238, 50–55.

Hassanpour, A., Tan, H., Bayly, A., Gopalkrishnan, P., Ng, B., Ghadiri, M., **2011**. Analysis of particle motion in a paddle mixer using Discrete Element Method (DEM). *Powder Technology* 206 (1-2), 189–194.

Havlica, J., Jirounkova, K., Travnickova, T., Kohout, M., **2015**. The effect of rotational speed on granular flow in a vertical bladed mixer. *Powder Technology* 280, 180–190.

Hertz, H., **1882**. Über die Berührung fester elastischer Körper. *Journal für die Reine und Angewandte Mathematik* 92.

Hoomans, B., Kuipers, J.A.M., Briels, W., van Swaaij, W., **1996**. Discrete particle simulation of bubble and slug formation in a two-dimensional gas-fluidised bed: A hard-sphere approach. *Chemical Engineering Science* 51 (1), 99–118.

Hoomans, B., Kuipers, J.A.M., van Swaaij, W., **2000**. Granular dynamics simulation of segregation phenomena in bubbling gas-fluidised beds. *Powder Technology* 109 (1-3), 41–48.

Horio, M., Kuroki, H., **1994**. Three-dimensional flow visualization of dilutely dispersed solids in bubbling and circulating fluidized beds. *Chemical Engineering Science* 49 (15), 2413–2421.

IBS Magnet, **2015**. Dauermagnete Werkstoffe und Systeme, Berlin. URL: <www.ibsmagnet.de>.

Iveson, S.M., Litster, J.D., Hapgood, K., Ennis, B.J., **2001**. Nucleation, growth and breakage phenomena in agitated wet granulation processes: a review. *Powder Technology* 117 (1-2), 3–39.

Iyer, R.M., Augsburger, L.L., Parikh, D.M., **2008**. Evaluation of Drug Layering and Coating: Effect of Process Mode and Binder Level. *Drug Development and Industrial Pharmacy* 19 (9), 981–998.

Jäger, K.-F., Bauer, K.-H., **1982**. Auswirkungen der Gutbewegung im Rotor-WS-Granulator auf die Aufbauagglomeration. *Die Pharmazeutische Industrie* 1982 (44), 193–197.

Jajcevic, D., Siegmann, E., Radeke, C., Khinast, J.G., **2013**. Large-scale CFD–DEM simulations of fluidized granular systems. *Chemical Engineering Science* 98, 298–310.

Kablitz, C.D., Harder, K., Urbanetz, N.A., **2006**. Dry coating in a rotary fluid bed. *European Journal of Pharmaceutical Sciences* 27 (2-3), 212–219.

Karlsson, S., Bjorn, I.N., Folestad, S., Rasmuson, A., **2006**. Measurement of the particle movement in the fountain region of a Wurster type bed. *Powder Technology* 165, 22–29.

Kehlenbeck, V., **2007**. Continuous dynamic mixing of cohesive powders. Dissertation.

Kristensen, H.G., **1996**. Particle agglomeration in high shear mixers. *Powder Technology* 88 (3), 197–202.

Kristensen, J., Schæfer, T., Kleinebudde, P., **2000**. Direct pelletization in a rotary processor controlled by torque measurements II: Effects of changes in the content of microcrystalline cellulose. *AAPS American Association of Pharmaceutical Scientists* 2 (3), 45–52.

Lacey, P., **1946**. The mixing of solid particles. *Chemical Engineering Research and Design* 75, 49–55.

Lacey, P., **1954**. Developments in the theory of particle mixing. *Journal of Applied Chemistry* 4, 257–268.

Laurent, B., Cleary, P., **2012**. Comparative study by PEPT and DEM for flow and mixing in a ploughshare mixer. *Powder Technology* 228, 171–186.

Li, J., Kuipers, J.A.M., **2002**. Effect of pressure on gas–solid flow behavior in dense gas-fluidized beds: a discrete particle simulation study. *Powder Technology* 127 (2), 173–184.

Link, J.M., Godlieb, W., Tripp, P., Deen, N.G., Heinrich, S., Kuipers, J.A.M., Schoenherr, M., Peglow, M., 2009. Comparison of fibre optical measurements and discrete element simulations for the study of granulation in a spout fluidized bed. *Powder Technology* 189, 202–217.

Liu, P., Yang, R., Yu, A., **2013**. DEM study of the transverse mixing of wet particles in rotating drums. *Chemical Engineering Science* 86, 99–107.

Mangwandi, C., Cheong, Y.S., Adams, M.J., Hounslow, M.J., Salman, A.D., **2007**. The coefficient of restitution of different representative types of granules. *Chemical Engineering Science* 62 (1-2), 437–450.

Marigo, M., Cairns, D., Davies, M., Ingram, A., Stitt, E., **2012**. A numerical comparison of mixing efficiencies of solids in a cylindrical vessel subject to a range of motions. *Powder Technology* 217, 540–547.

Masiuk, S., Rakoczy, R., **2006**. The entropy criterion for the homogenisation process in a multi-ribbon blender. *Chemical Engineering and Processing* 45 (6), 500–506.

Middha, P., Balakin, B.V., Leirvaag, L., Hoffmann, A.C., Kosinski, P., **2013**. PEPT - A novel tool for investigation of pneumatic conveying. *Powder Technology* 237, 87–96.

Mindlin, R.D., Deresiewicz, H., **1953**. Elastic spheres in contact under varing oblique forces. *Journal Applied Mechanics-Transactions of the ASME* 20, 327–344.

Mohs, G., Gryczka, O., Heinrich, S., et al., **2009**. Magnetic monitoring of a single particle in a prismatic spouted bed. *Chemical Engineering Science* 64 (23), 4811–4825.

Mort, P., Michaels, J., Behringer, R., Campbell, C., Kondic, L., Kheiripour Langroudi, M., Shattuck, M., Tang, J., Tardos, G., Wassgren, C., **2015**. Dense granular flow - A collaborative study. *Powder Technology* 284, 571–584.

Müller, C.R., Holland, D.J., Third, J.R., Sederman, A.J., Dennis, J.S., Gladden, L.F., **2011**. Multiscale magnetic resonance measurements and validation of Discrete Element Model simulations. *Particuology* 9 (4), 330–341.

Müller, W., **1966**. Untersuchungen über Mischzeit, Mischgüte und Arbeitsbedarf in Mischtrommeln mit rotierenden Mischelementen, Dissertation.

Nakamura, H., Fujii, H., Watano, S., **2013**. Scale-up of high shear mixer-granulator based on discrete element analysis. *Powder Technology* 236, 149–156.

Neuwirth, J., Antonyuk, S., Heinrich, S., Jacob, M., **2013**. CFD-DEM study and direct measurement of the granular flow in a rotor granulator. *Chemical Engineering Science* 86, 151–163.

Ng, B., Ding, Y., Ghadiri, M., **2009**. Modelling of dense and complex granular flow in high shear mixer granulator - A CFD approach. *Chemical Engineering Science* 64 (16), 3622–3632.

Nguyen, C.V., Nguyen, T.D., Wells, J.C., Nakayama, A., **2010**. Interfacial PIV to resolve flows in the vicinity of curved surfaces. *Experiments in Fluids* 48 (4), 577–587.

Nguyen, T.D., Wells, J.C., Nguyen, C.V., **2012**. Velocity measurement of near-wall flow over inclined and curved boundaries by extended interfacial particle image velocimetry. *Flow Measurement and Instrumentation* 23 (1), 33–39.

O.Gryczka, **2009**. Untersuchung und Modellierung der Fluiddynamik in prismatischen Strahlschichtapperaten. Dissertation.

Parikh, D.M., **2010**. Handbook of pharmaceutical granulation technology, 3rd ed., Taylor & Francis Group, New York.

Paterakis, P., Korakianiti, E., Dallas, P., Rekkas, D., **2002**. Evaluation and simultaneous optimization of some pellets characteristics using a 33 factorial design and the desirability function. *International Journal of Pharmaceutics* 248 (1-2), 51–60.

Patil, D., van Sint Annaland, M., Kuipers, J.A.M., **2005**. Critical comparison of hydrodynamic models for gas–solid fluidized beds-Part I: Bubbling gas–solid fluidized beds operated with a jet. *Chemical Engineering Science* 60 (1), 57–72.

Patterson, E.E., Halow, J., Daw, S., **2010**. Innovative Method Using Magnetic Particle Tracking to Measure Solids Circulation in a Spouted Fluidized Bed. *Industrial & Engineering Chemistry Research* 49 (11), 5037–5043.

Pisek, R., Sirca, J., Svanjak, G., Srcic, S., **2001**. Comparison of rotor direct pelletization (fluid bed) and extrusion/spheronization method for pellet production. *Die Pharmazeutische Industrie* 63, 1202–1209.

Planck, M., **1917**. Über einen Satz der statistischen Dynamik und seine Erweiterung in der Quantentheorie. *Sitzungsbericht. K. Preuss. Akademie der Wissenschaft*, 324–341.

Raasch, J., Sommer, K., **1990**. Anwendung von statistischen Prüfverfahren im Bereich der Mischtechnik. *Chemie Ingenieur Technik* 62 (1), 17–22.

Radeke, C.A., Glasser, B.J., Khinast, J.G., **2010**. Large-scale powder mixer simulations using massively parallel GPU architectures. *Chemical Engineering Science* 65 (24), 6435–6442.

Radl, S., Brandl, D., Heimburg, H., Glasser, B.J., Khinast, J.G., **2012**. Flow and mixing of granular material over a single blade. *Powder Technology* 226, 199–212.

Radl, S., Kalvoda, E., Glasser, B.J., Khinast, J.G., **2010**. Mixing characteristics of wet granular matter in a bladed mixer. *Powder Technology* 200 (3), 171–189.

Rantanen, J., Khinast, J., **2015**. The Future of Pharmaceutical Manufacturing Sciences. *Journal of Pharmaceutical Sciences* 104 (11), 3612–3638.

Remy, B., Canty, T.M., Khinast, J.G., Glasser, B.J., **2010**. Experiments and simulations of cohesionless particles with varying roughness in a bladed mixer. *Chemical Engineering Science* 65 (16), 4557–4571.

Remy, B., Khinast, J.G., Glasser, B.J., **2012**. Wet granular flows in a bladed mixer: Experiments and simulations of monodisperse spheres. *AIChE Journal* 58 (11), 3354–3369.

Ren, B., Zhong, W., Jin, B., Shao, Y., Yuan, Z., **2013**. Numerical simulation on the mixing behavior of corn-shaped particles in a spouted bed. *Powder Technology* 234, 58–66.

Richert, H., Kosch, O., Grnert, P., **2006**. Magnetic Monitoring as a Diagnostic Method for Investigating Motility in the Human Digestive System, in: Andr, W., Nowak, H. (Eds.), Magnetism in Medicine. 481–498. Wiley, Deutschland.

Sakai, M., Shigeto, Y., Basinskas, G., Hosokawa, A., Fuji, M., **2015**. Discrete element simulation for the evaluation of solid mixing in an industrial blender. *Chemical Engineering Journal* 279, 821–839.

Sarkar, A., Wassgren, C.R., **2009**. Simulation of a continuous granular mixer: Effect of operating conditions on flow and mixing. *Chemical Engineering Science* 64 (11), 2672–2682.

Sato, Y., Nakamura, H., Watano, S., **2008**. Numerical analysis of agitation torque and particle motion in a high shear mixer. *Powder Technology* 186 (2), 130–136.

Schmelzle, S., Leppert, S., Nirschl, H., **2015**. Influence of impeller geometry in a vertical mixer described by DEM simulation and the dispersion model. *Advanced Powder Technology* 26 (5), 1473–1482.

Schutyser, M.A.I., Padding, J.T., Weber, F.J., Briels, W.J., Rinzema, A., Boom, R., **2001**. Discrete particle simulations predicting mixing behavior of solid substrate particles in a rotating drum fermenter. Biotechnology Bioengineering 75 (6), 666–675.

Sette, E., Pallarès, D., Johnsson, F., Ahrentorp, F., Ericsson, A., Johansson, C., **2015**. Magnetic tracer-particle tracking in a fluid dynamically down-scaled bubbling fluidized bed. Fuel Processing Technology 138, 368–377.

Shannon, C.E., **1948**. A Mathematical Theory of Communication. *Bell System Technical Journal* 27 (3), 379–423.

Siraj, M.S., Radl, S., Glasser, B.J., Khinast, J.G., **2011**. Effect of blade angle and particle size on powder mixing performance in a rectangular box. *Powder Technology* 211 (1), 100–113.

Sommer, K., **1986**. Sampling of powders and bulk materials. Springer, Berlin.

Sommerfeld, M., Huber, N., **1999**. Experimental analysis and modelling of particle-wall collisions. *International Journal of Multiphase Flow* 25 (6-7), 1457–1489.

Stalder, B., **1993**. Ermittlung der Mischgüte beim Pulvermischen, Dissertation.

Natsuyama, S. Nagato, T., Terashita, K., **2003**. Study of Powder Compacting Effect in the Rotor Fluidized Bed used for Granulating and Powder Coating by using DEM Computer Simulation. *Journal of the Japan Society of Powder and Powder Metallurgy* 50 (3), 227–232.

Sutkar, V.S., Deen, N.G., Kuipers, J.A.M., **2013**. Spout fluidized beds: Recent advances in experimental and numerical studies. *Chemical Engineering Science* 86, 124–136.

Suzzi, D., Toschkoff, G., Radl, S., Machold, D., Fraser, S.D., Glasser, B.J., Khinast, J.G., **2012**. DEM simulation of continuous tablet coating: Effects of tablet shape and fill level on inter-tablet coating variability. *Chemical Engineering Science* 69 (1), 107–121.

Third, J., Scott, D., Scott, S., **2010**. Axial dispersion of granular material in horizontal rotating cylinders. *Powder Technology* 203 (3), 510–517.

Thornton, A., Weinhart, T., Luding, S., Bokhove, O., **2012**. Modeling of particle size segregation: calibration using the discrete particle method. *International journal of modern physics C: Physics and computers*, 23 (8).

Tsuji, Y., Kawaguchi, T., Tanaka, T., **1993**. Discrete particle simulation of two-dimensional fluidized bed. *Powder Technology* 77 (1), 79–87.

Tsuji, Y., Tanaka, T., Ishida, T., **1992**. Lagrangian numerical simulation of plug flow of cohesionless particles in a horizontal pipe. *Powder Technology* 71 (3), 239–250.

van Wachem, B.G., Schouten, J.C., van den Bleek, C.M., **2001**. Comparative analysis of CFD models of dense gas-solid systems. *AIChE Journal* 47, 1035–1051.

Vertommen, J., Jaucot, B., Rombaut, P., Kinget, R., **1996**. Improvement of the material motion in a rotary processor. *Pharmaceutical Development and Technology* 1 (4), 365–371.

Vervaet, C., Baert, L., Remon, J.P., **1995**. Extrusion-spheronisation A literature review. International Journal of Pharmaceutics 116 (2), 131–146.

Vuppala, M.K., Parikh, D.M., Bhagat, H.R., **1997**. Application of Powder-Layering Technology and Film Coating for Manufacture of Sustained-Release Pellets Using a Rotary Fluid Bed Processor. *Drug Development and Industrial Pharmacy* 23 (7), 687–694.

Wang, C., Lv, Z., Li, D., **2008**. Experimental study on gas–solids flows in a circulating fluidised bed using electrical capacitance tomography. *Powder Technology* 185 (2), 144–151.

Wang, F., Marashdeh, Q., Fan, L.-S., Warsito, W., **2010**. Electrical Capacitance Volume Tomography. *Design and Applications. Sensors* 10 (3), 1890–1917.

Washino, K., Tan, H., Hounslow, M., **2013**. A new capillary force model implemented in micro-scale CFD–DEM coupling for wet granulation. *Chemical Engineering Science* 93, 197–205.

Weinekötter, R., 1993. Kontinuierliches Mischen feiner Feststoffe, Dissertation.

Wen, C.Y., Yu, Y.H., **1966a**. A generalized method for predicting minimum fluidization velocity. *AIChE Journal* 12, 610–612.

Wen, C.Y., Yu, Y.H., **1966b**. Mechanics of Fluidization. *Chemical Engineering Progress Symposium* 62, 100–111.

Woodruff, C., Nuessle, N., **1972**. Effect of Processing Variables on Particles Obtained by Extrusion–Spheronization Processing. *Journal of Pharmaceutical Sciences* 61 (5), 787–790.

Yang, Z., Fan, X., Fryer, P.J., Parker, D.J., Bakalis, S., **2007**. Improved multiple-particle tracking for studying flows in multiphase systems. *AIChE Journal* 53 (8), 1941–1951.

Zhang, Y., Zhong, W., Jin, B., Xiao, R., **2012**. Investigating the particle dispersion in a spout-fluid bed using particle trajectory. *International Journal of Chemical Reactor Engineering* 10 (1).

Zhu, H., Zhou, Z., Yang, R., Yu, A., **2008**. Discrete particle simulation of particulate systems: A review of major applications and findings. *Chemical Engineering Science* 63 (23), 5728–5770.

Publikationsliste

Publikationen in wissenschaftlichen Fachzeitschriften

[1] Neuwirth, J., Antonyuk, S., Heinrich, S., Jacob, M.: *CFD-DEM study and direct measurement of the granular flow in a rotor granulator*. Chemical Engineering Science, 86, (2013), 151-163.

Konferenzbeiträge

[2] Neuwirth, J., Antonyuk, S., Heinrich, S., Jacob, M.: *A CFD-DEM study of the complex granular flow in a fluid-bed rotor processor*. 5th International Granulation Workshop, Lausanne, Switzerland, June 20-22, 2011.

[3] Neuwirth, J., Antonyuk, S., Heinrich, S., Jacob, M.: *Process parameter study of a fluid-bed rotor processor via CFD-DEM simulation*. International Summer School "Advanced Problems in Mechanics" (APM 2011), St. Petersburg, Russia, July 1-5, 2011.

[4] Neuwirth, J., Antonyuk, S., Heinrich, S.: *Particle dynamics in the fluidized bed: Magnetic particle tracking and discrete particle modelling*. AIP Conference Proceedings, 1542, Powders & Grains, Sydney, Australia, July 8-12, 2013.

[5] Neuwirth, J., Antonyuk, S., Heinrich, S., Jacob, M.: *Analysis of the particle movement and rotation of non-spherical granules in a rotor processor by using a novel particle tracking method*. PARTEC – International Congress on Particle Technology, Nuremberg, Germany, April 23-25, 2013.

[6] Neuwirth, J., Antonyuk, S., Heinrich, S., Jacob, M.: *Characterization of granular mixing patterns in a fluid bed rotor processor*. 6th International Granulation Workshop, Sheffield, United Kingdom, June 20-22, 2013.

Lebenslauf

Name	Johannes Neuwirth
Staatsangehörigkeit	Österreich
Geburtsdatum	04. Januar 1983
Geburtsort	Villach, Österreich

Schulbildung

1989 – 1997	Pflichtschule in Gundersheim/Kötschach-Mauthen, Österreich
1997 – 2002	Höhere Technische Bundeslehranstalt für Elektrotechnik in Klagenfurt, Österreich
06.2002	Matura (Abitur), Höhere Technische Bundeslehranstalt, Klagenfurt, Österreich

Präsenzdienst

07.2002 – 03.2003	Militärkommando Kärnten, Windisch Kaserne, Klagenfurt, Österreich

Akademische Laufbahn

03.2005 – 03.2007	Studium der Verfahrenstechnik, Technische Universität Graz/Wien, Österreich
04.2007 – 12.2010	Studium der Verfahrenstechnik, Technische Universität Hamburg-Harburg, Deutschland
12.2010	Abschluss: Diplom-Ingenieur, Technische Universität Hamburg-Harburg
01.2011 – 08.2014	Wissenschaftlicher Mitarbeiter und Doktorand am Institut für Feststoffverfahrenstechnik und Partikeltechnologie, Technischen Universität Hamburg-Harburg, Deutschland
	Betreuer: Prof. Dr.-Ing. habil. Dr. h.c. Stefan Heinrich
09.2014 – 09.2016	Externer Doktorand am Institut für Feststoffverfahrenstechnik und Partikeltechnologie, Technischen Universität Hamburg-Harburg, Deutschland

Berufliche Laufbahn

04.2003 – 03.2005	Projektingenieur, Hatec Automations – GmbH, Klagenfurt, Österreich
10.2009 – 03.2010	Praktikum, Glatt Ingenieurtechnik GmbH, Weimar, Deutschland
09.2014 – 07.2016	Research & Technology Engineer, B/E Aerospace Systems GmbH, Lübeck, Deutschland
seit 09.2016	Innovation Project Manager, RedBull GmbH, Fuschl am See, Österreich